普通高等教育"十二五"规划教材
普通高等院校工程图学类规划教材

画法几何基础与机械制图习题集

张大庆　田风奇　赵红英　宋立琴　主编

清华大学出版社
北　京

内 容 简 介

本习题集与相应教材《画法几何基础与机械制图》配套使用,共包括13章,内容有:点的投影、直线的投影、平面的投影、投影变换、曲线和曲面、立体的投影、制图基本知识、组合体、轴测图、机件的常用表达方法、标准件和常用件、零件图、装配图。

本习题集适用于本科和大专院校机械类和近机类各专业,也可作为高等职业教育用书或供自学者参考。

图书在版编目(CIP)数据

画法几何基础与机械制图习题集/张大庆等主编. --北京:清华大学出版社,2012.9(2023.10重印)
(普通高等院校工程图学类规划教材)
ISBN 978-7-302-29956-1

Ⅰ.①画… Ⅱ.①张… Ⅲ.①画法几何-高等学校-习题集 ②机械制图-高等学校-习题集 Ⅳ.①TH126-44

中国版本图书馆 CIP 数据核字(2012)第 208946 号

责任编辑:杨 倩
封面设计:傅瑞学
责任印制:宋 林

出版发行:清华大学出版社
　　　　网　　址:http://www.tup.com.cn,http://www.wqbook.com
　　　　地　　址:北京清华大学学研大厦 A 座　　　　　　　　　　　　　　邮　　编:100084
　　　　社 总 机:010-83470000　　　　　　　　　　　　　　　　　　　　　邮　　购:010-62786544
　　　　投稿与读者服务:010-62776969,c-service@tup.tsinghua.edu.cn
　　　　质量反馈:010-62772015,zhiliang@tup.tsinghua.edu.cn
印 装 者:天津安泰印刷有限公司
经　　销:全国新华书店
开　　本:370mm×260mm　　　　印　　张:9
版　　次:2012 年 9 月第 1 版　　　　　　　　　　　　　　　　　　　　　　印　　次:2023 年 10 月第 9 次印刷
定　　价:26.00 元

产品编号:046363-03

前　言

　　本书是与教材《画法几何基础与机械制图》配套使用的习题集,适用于本科和大专院校机械类和近机类各专业,也可作为高等职业教育用书或供自学者参考。

　　本习题集的内容是按照相应教材的内容与侧重点选定的,其章节顺序、重点内容、习题数量都与相应教材保持一致。内容重在工程实践能力的培养,并兼顾创新意识和表达能力的培养。习题数量和难度适中,以基本题为主,综合练习题为辅。

　　本习题集凝聚了华北电力大学机械系工程图学教研室全体教师的心血,是多年教学经验的体现。参与本习题集编写的教师有:张大庆、田风奇、赵红英、宋立琴、苑素玲、朱晓光、汤敬秋、张英杰、绳晓玲。

　　书中存有的疏漏和不妥之处,敬请广大读者指正。

目　　录

1-1　已知点A（18，23，23）和点B、C、D，求点A的三面投影及点B、C、D的第三投影，并指出点B、C、D的空间位置。

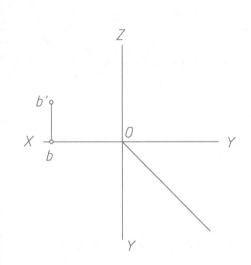

B在＿＿＿面内

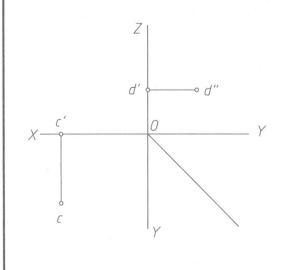

C在＿＿＿面内

D在＿＿＿面内

1-2　已知点 A、B、C 的两个投影，求其第三投影，并量出点到各投影面的距离填入表中（取整数，单位为mm）。

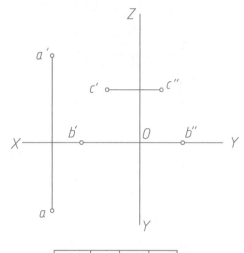

点	A	B	C
距 H			
距 V			
距 W			

1-3　已知点B位于点A之左6mm，之前8mm，之下10mm，试作点B的三面投影。

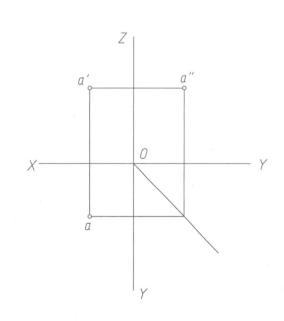

1-4　求点的第三投影，并判断重影点的可见性。

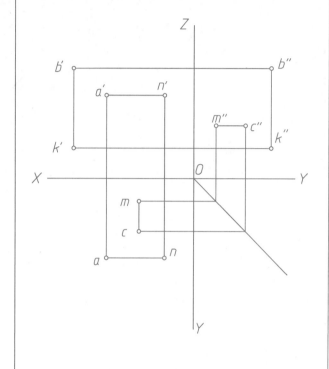

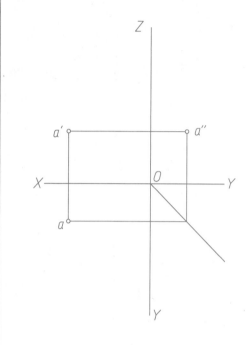

1-5　补全点B的另两个投影，使其距点A为7（单位为mm）。

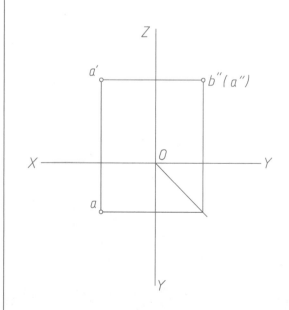

1-6　已知点B与点A等高，且点B的坐标(x, y, z)均相等，求点B的三面投影。

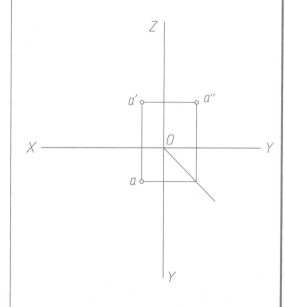

1-7　已知点B与点A距V面等远，且点B的坐标X_B=20，Y_B=$2Z_B$，求点B的三面投影。

2-1 试作下列各直线的第三投影，并写出该直线对投影面的相对位置。

(1)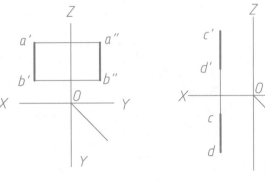

(2)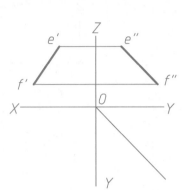

(3)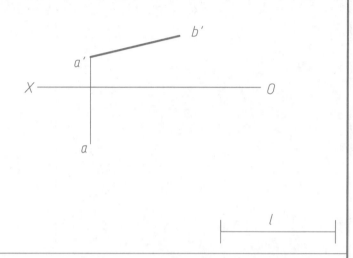

AB为_____线

CD为_____线

EF为_____线

(4)

(5)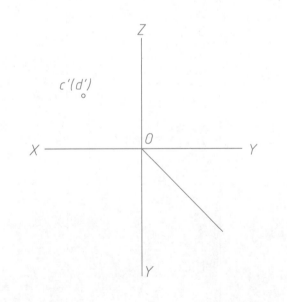

(6)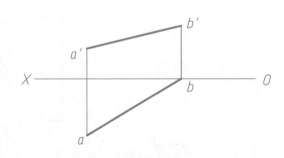

GH为_____线

KL为_____线

MN为_____线

2-2 已知正垂线CD=20mm及CD的V投影，且点D在V面上，作出CD的H、W面投影。

2-3 求直线AB实长及对H、V面倾角α、β。

2-4 已知直线AB的正面投影和实长l，求其水平投影。

l

2-5 分别判断下列两直线的相对位置。（平行、相交、交叉）

(1)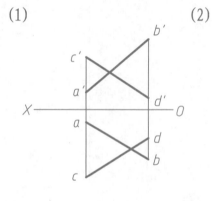

(2)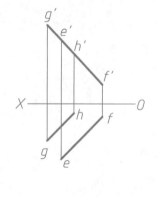

(3)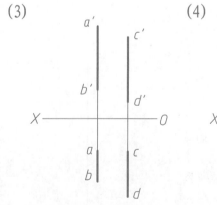

(4)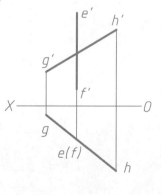

2-6 过点A作直线AB。

（1）与直线CD平行，且长度相同。　　　　（2）与直线CD相交，且交点B距H面为12mm。　　　（3）与直线CD垂直相交，且交点为B。

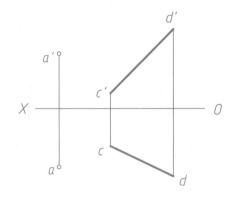 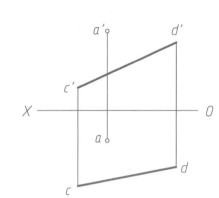 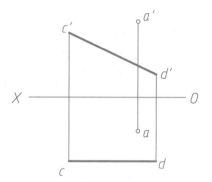

2-7 判断交叉两直线AB与CD的正面投影重影点E、F及水平投影重影点K、L的可见性。

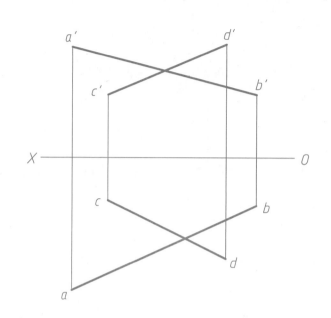

2-8 作点C到直线AB距离CD的投影，并求其实长。

（1）　　　　　　　（2）

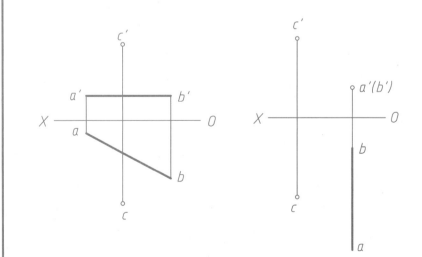

2-9 已知直线CD与AB相交，且CD为水平线，求CD的正面投影。

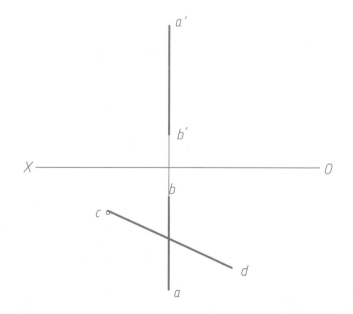

2-10 已知直线CD同时与AB及Y轴相交，求CD的三面投影。

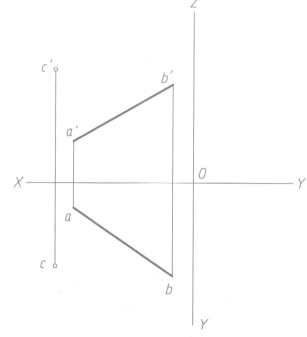

2-11 求平行两直线 AB、CD 间距离 EF 的投影及其实长。

（1）　　　　　　　　　（2）

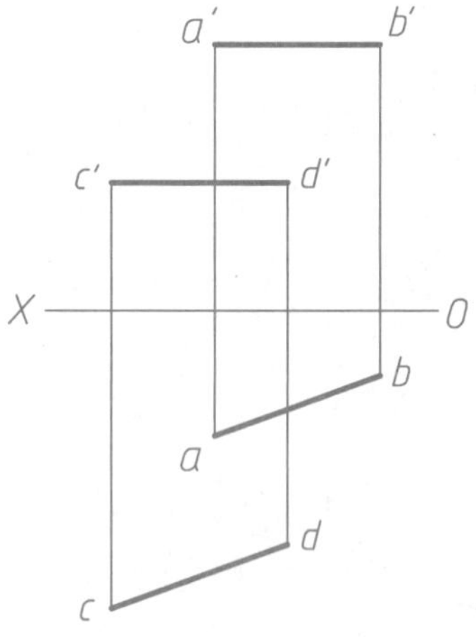

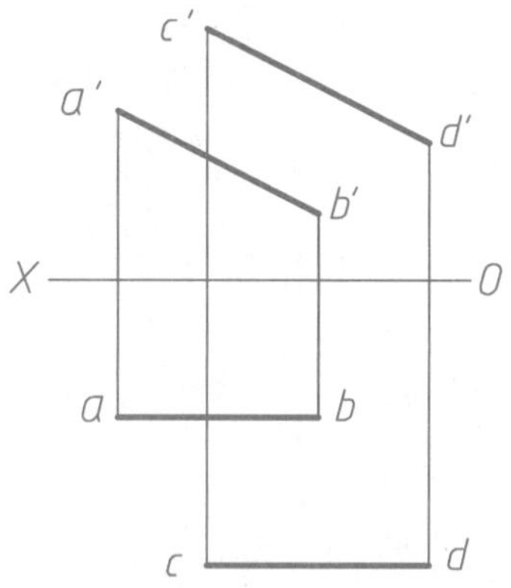

2-12 求交叉两直线 AB、CD 间距离 EF 的投影及其实长。

（1）　　　　　　　　　（2）

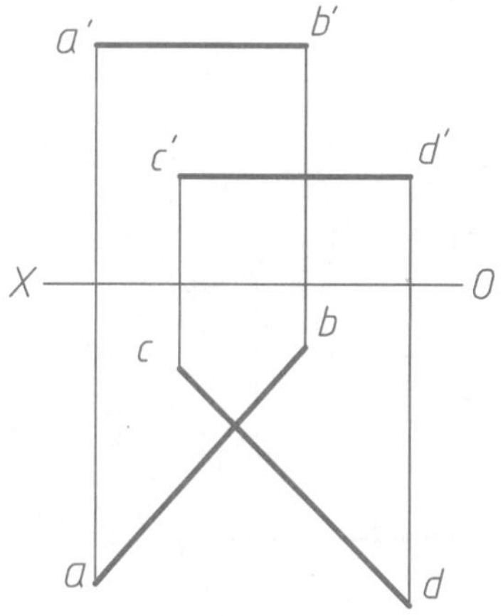

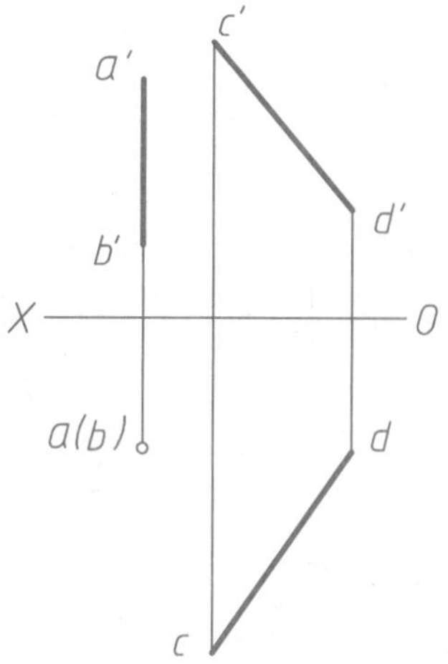

2-13 已知点 C 在 AB 上，且 AC=l，求点 C 的投影。

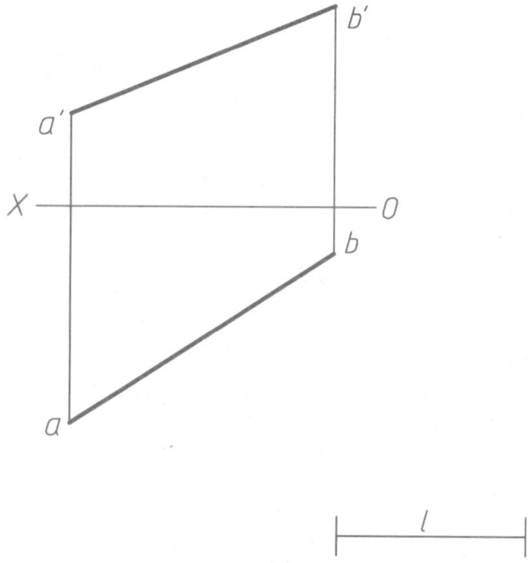

2-14 已知点 C 在 AB 上，它的坐标比 $Z_C : Y_C = 3:4$，求点 C 的投影。

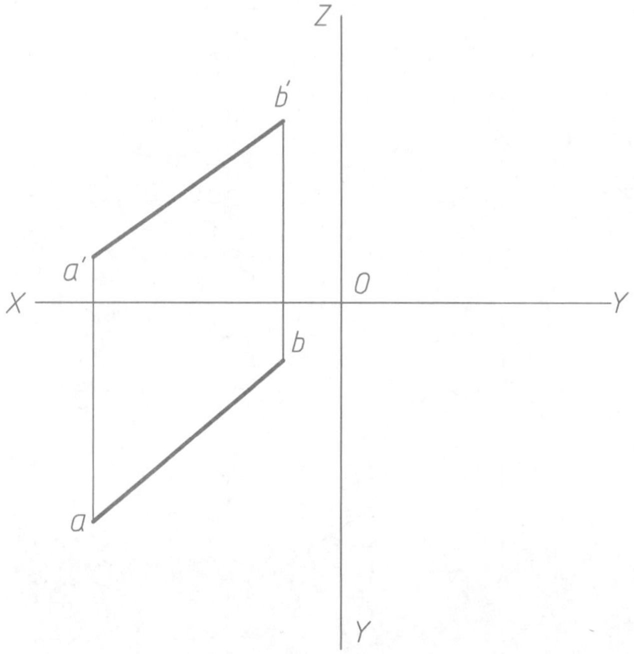

2-15 已知直线 AB 与 CD 间的距离 EF=18mm，且 AB 为正垂线，求其正面投影 a′b′ 及其距离 EF 的两面投影。

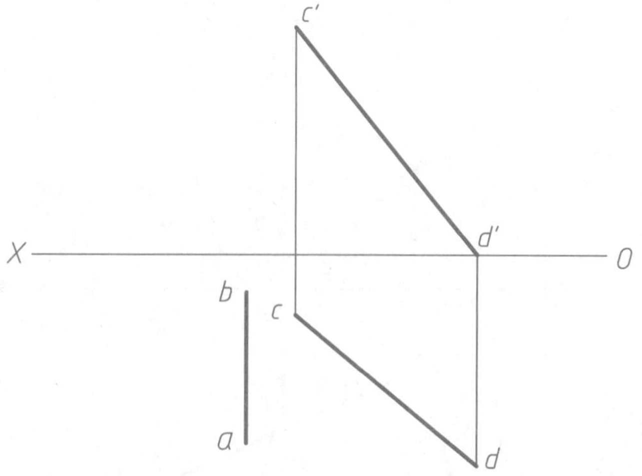

2-16 已知长方形 ABCD 的一边 AB 是水平线，一个顶点 C 在 Y 轴上，求长方形的三面投影。

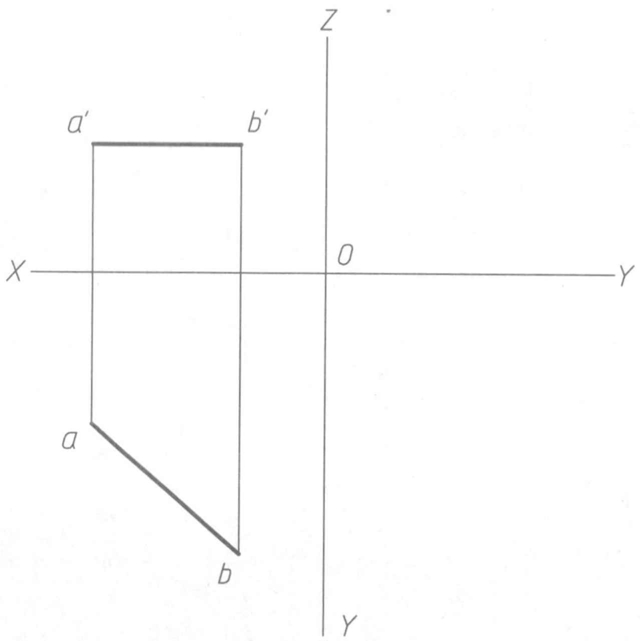

3-1 补全平面的三面投影，并判断平面处于什么空间位置，在可反映平面倾角的投影上标明倾角。

(1)

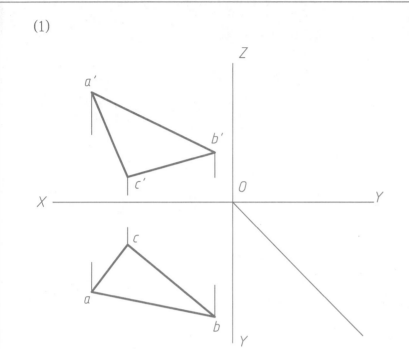

_____面

(2)

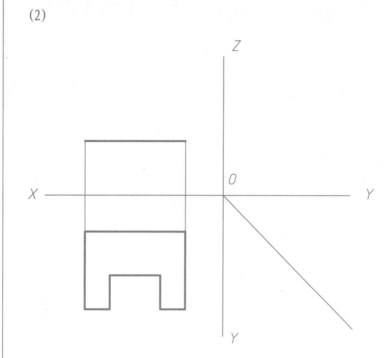

_____面

(3)

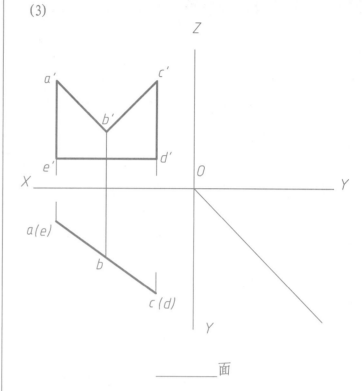

_____面

3-2 用迹线表示下列平面：过直线AB的正垂面P；过点C的正平面Q；过直线DE的水平面R。

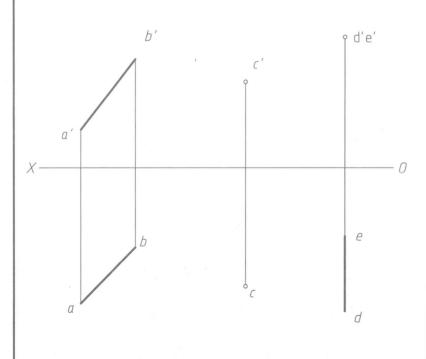

3-3 判断点K、L是否在给定的平面内。

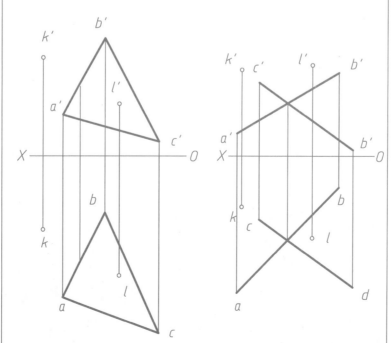

3-4 已知直线MN在平面ABCD内，求MN的水平投影。

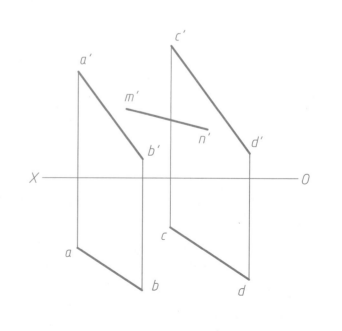

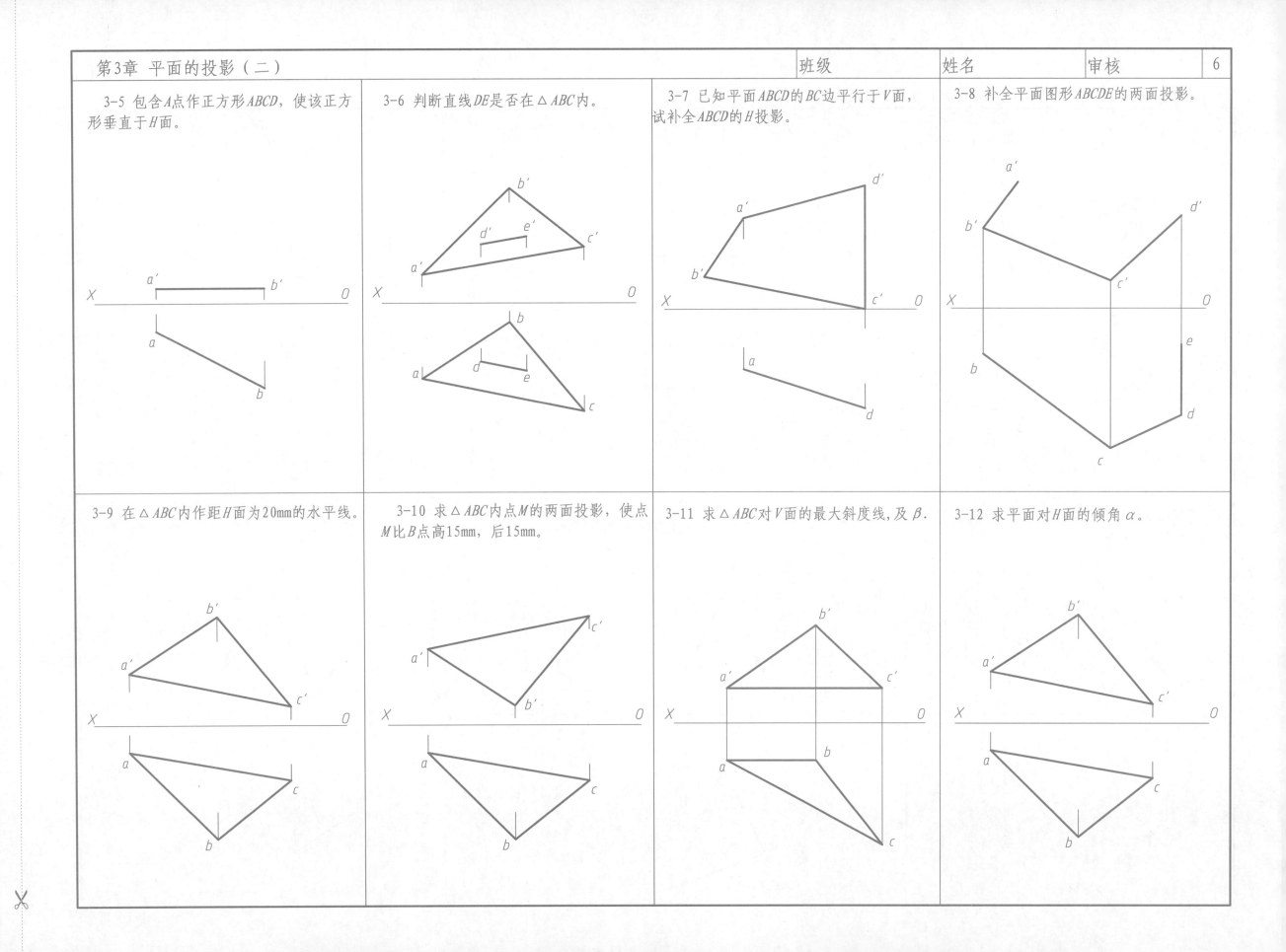

3-5 包含A点作正方形ABCD，使该正方形垂直于H面。

3-6 判断直线DE是否在△ABC内。

3-7 已知平面ABCD的BC边平行于V面，试补全ABCD的H投影。

3-8 补全平面图形ABCDE的两面投影。

3-9 在△ABC内作距H面为20mm的水平线。

3-10 求△ABC内点M的两面投影，使点M比B点高15mm，后15mm。

3-11 求△ABC对V面的最大斜度线，及β.

3-12 求平面对H面的倾角α。

3-13 已知 *AB* 为某平面对 *H* 面的最大斜度线，并知该平面与 *H* 面夹角 $\alpha = 30°$，求作该平面的两面投影。

3-14 判断直线 *MN* 与 △*ABC* 和 △*DEF* 是否平行。

3-15 判别两平面是否平行。

3-16 过点 *A* 作水平线平行于已知平面。

3-17 求直线 *AB* 与 △*DEF* 的交点 *K*，并判别可见性。

3-18 求直线 *EF* 与 △*ABC* 的交点并判别可见性。

3-19 求直线与平面的交点并判别可见性。

3-20 求两平面的交线并判别可见性。

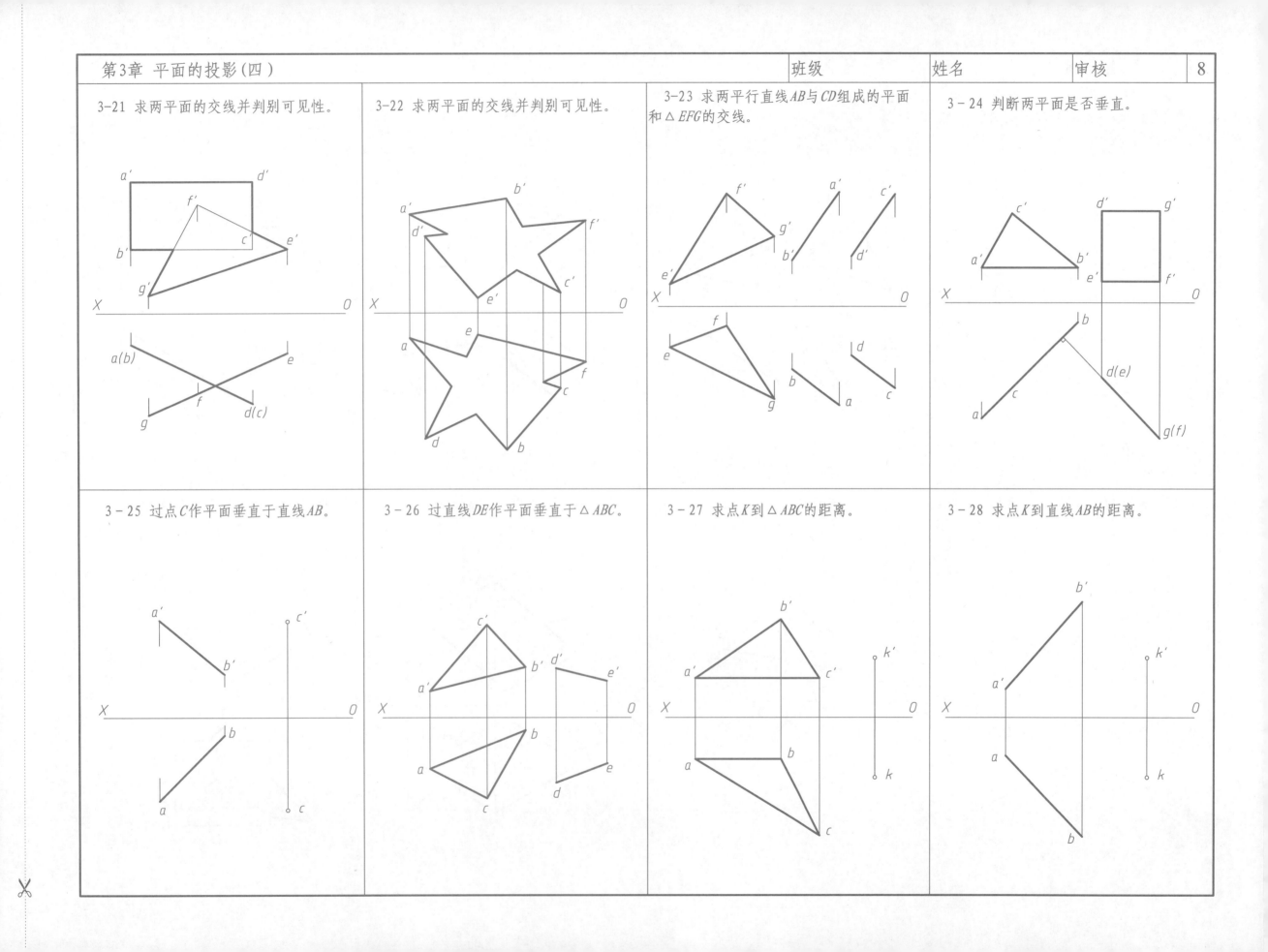

3-21 求两平面的交线并判别可见性。

3-22 求两平面的交线并判别可见性。

3-23 求两平行直线 AB 与 CD 组成的平面和 △EFG 的交线。

3-24 判断两平面是否垂直。

3-25 过点 C 作平面垂直于直线 AB。

3-26 过直线 DE 作平面垂直于 △ABC。

3-27 求点 K 到 △ABC 的距离。

3-28 求点 K 到直线 AB 的距离。

4-1 用换面法，求线段AB的实长及对投影面的倾角α、β。

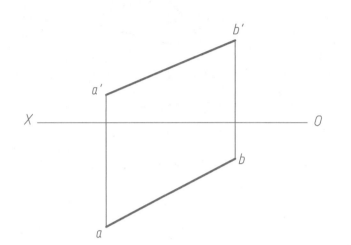

4-2 已知直线AB的实长为45mm。用换面法，求AB的正面投影及β角。

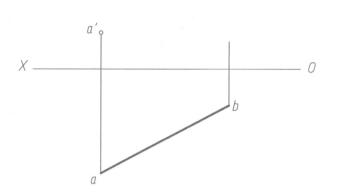

4-3 用换面法，求点C到直线AB距离。

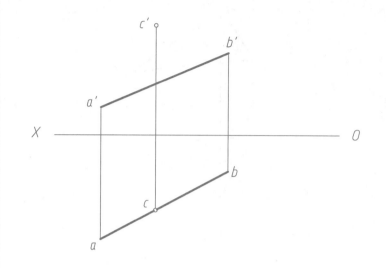

4-4 已知平面ABC的α=30°，用换面法求c'。

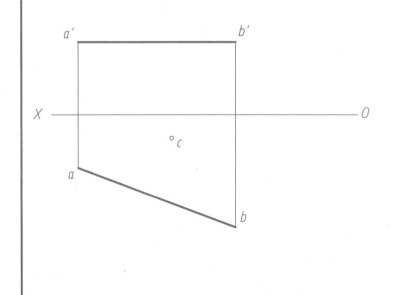

4-5 已知△ABC是处于正垂面位置的等边三角形，用换面法，求作△ABC的水平投影。

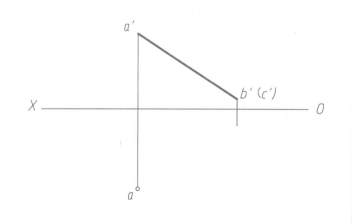

4-6 补全以AC为底边的等腰△ABC的水平投影。

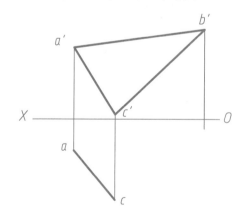

4-7 已知点D到平面ABC的距离为N，求点D的正面投影d'。

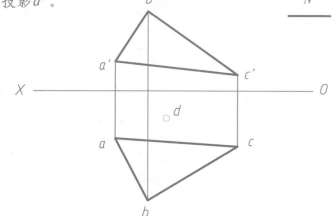

4-8 求交叉二直线间的距离。

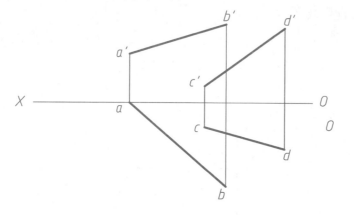

4-9 已知△ABC与△ABD的夹角为90°，求△ABD的V面投影。

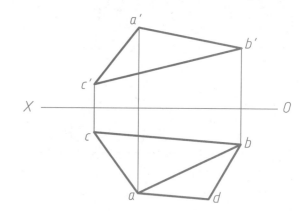

4-10 过点C作直线CD与AB相交成60°角。

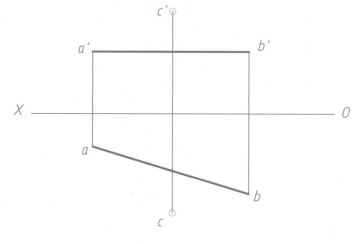

4-11 用绕垂直轴旋转法，求作点K至△ABC的距离及其投影。

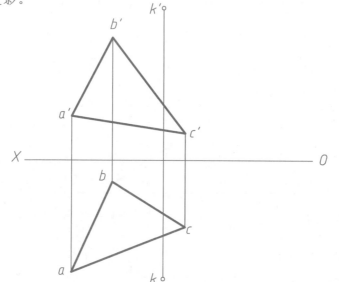

4-12 用绕垂直轴旋转法，求作△ABC的外心。

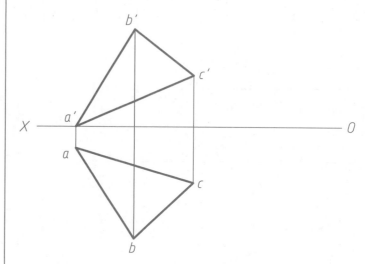

5-1 已知 P 面上一圆，圆心为 O，直径为30mm，作该圆的三面投影图（用四心法画椭圆）。

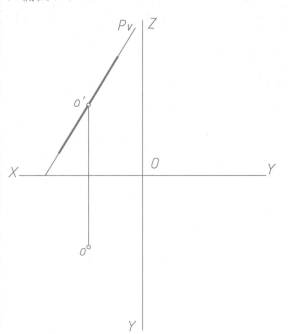

5-3 已知定点 S，导圆 Q 为平行于水平面的圆，其直径如图所示，圆心 O 已知，作出斜椭圆锥的 H、V 面投影。

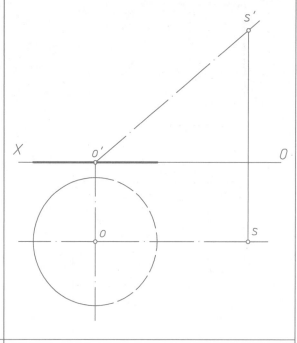

5-5 作出圆柱螺旋线（右旋）的投影图（画一个导程）。

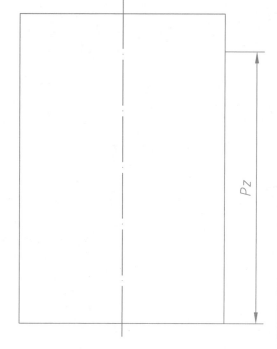

5-6 在圆柱体上作出正螺旋面（右旋）的投影图（画一个导程）。

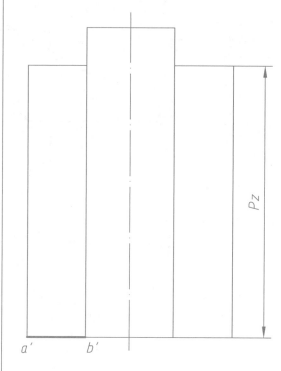

5-2 作 $\triangle ABC$ 内切圆的 H、V 面投影图，标出长短轴（用描点法画椭圆。提示：用换面法求 $\triangle ABC$ 实形后求解）。

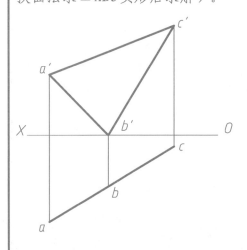

5-4 作以 AB 为母线，OO 为轴线旋转所形成的单叶双曲回转面的 H、V 投影图。

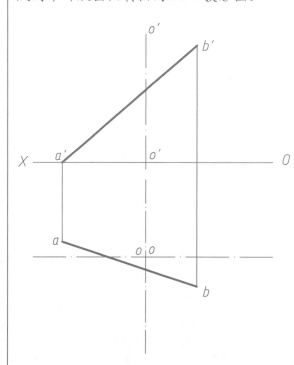

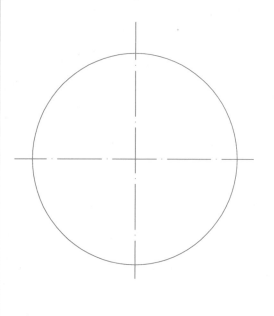

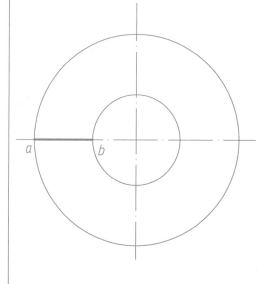

5-7 求作下列立体表面的展开图。

（1）

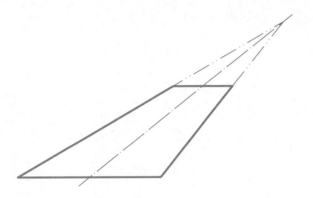

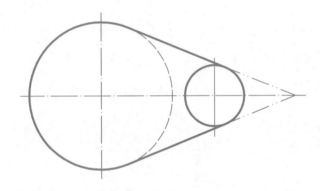

（2）

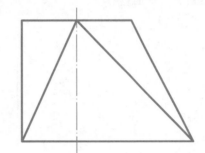

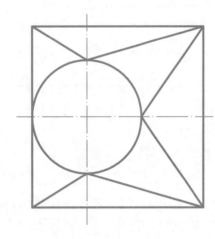

6-1 补画立体的第三投影，并画出表面上点、线的其余两投影，保留作图线。

（1）

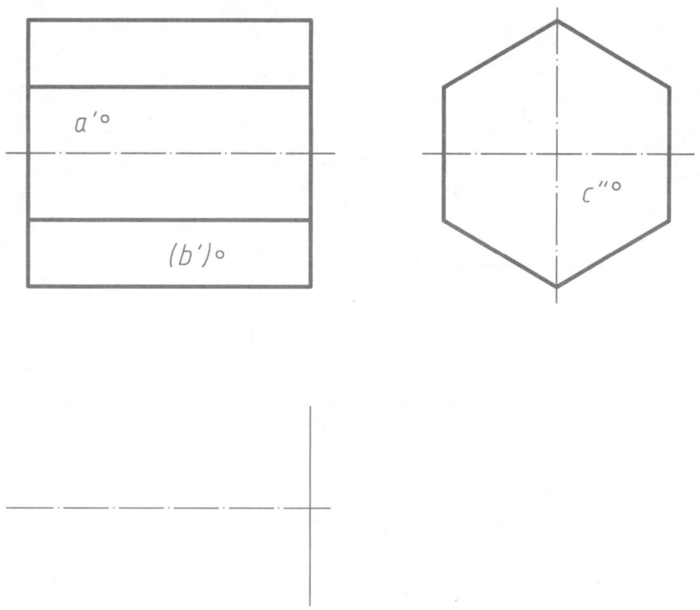

（2）

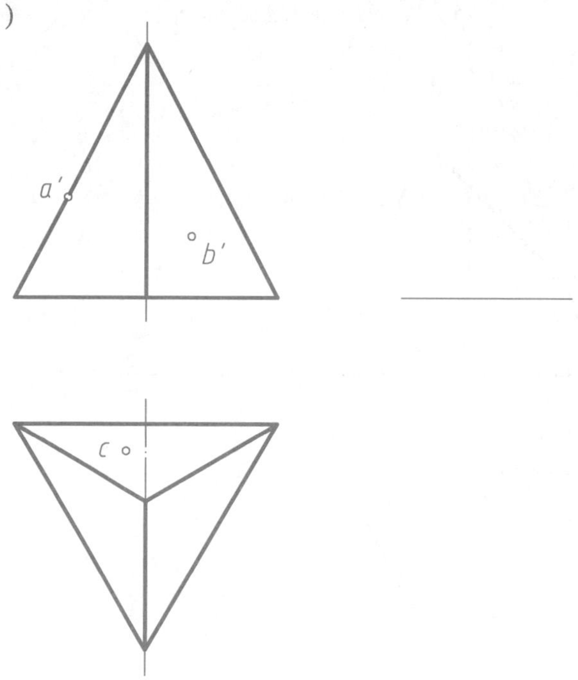

（3）

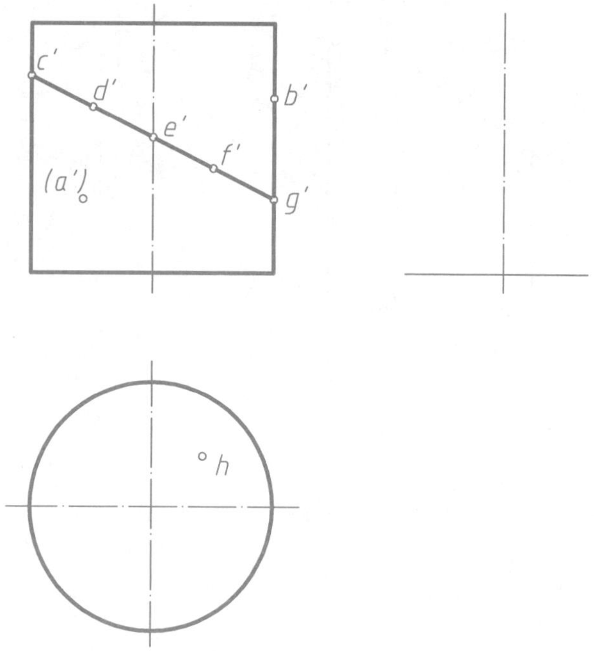

（4）

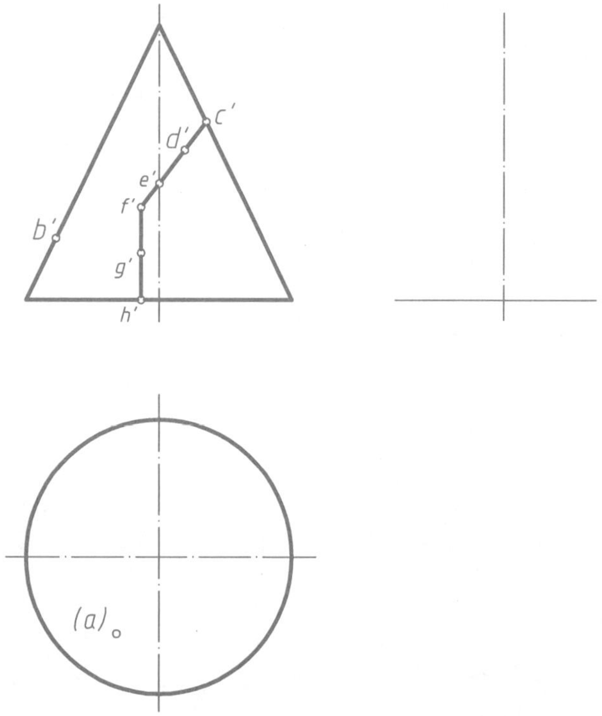

（5）

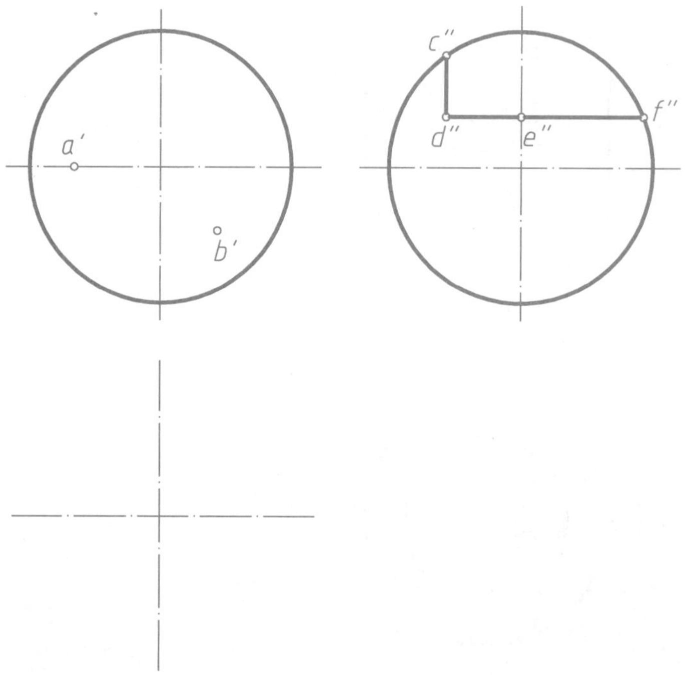

（6）

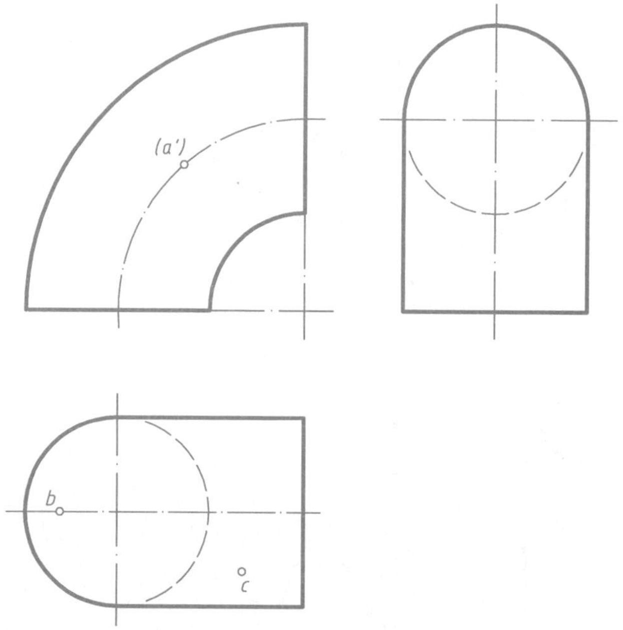

6-2 求出立体截切后的投影，保留作图线。

（1）

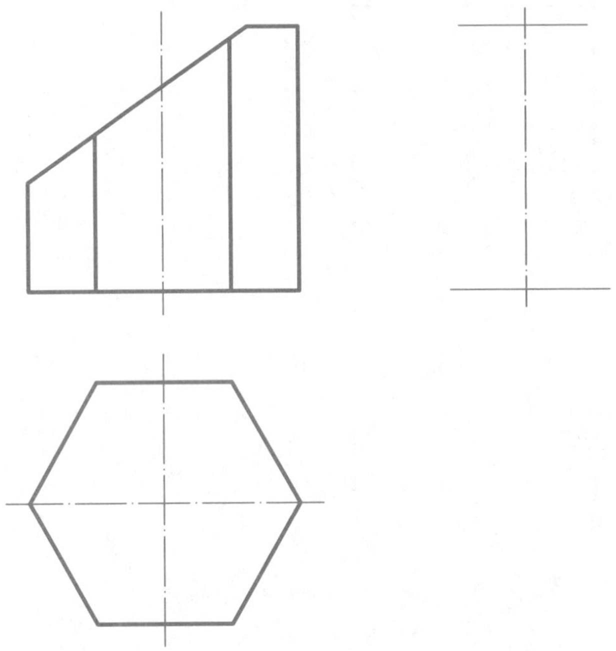

（2）

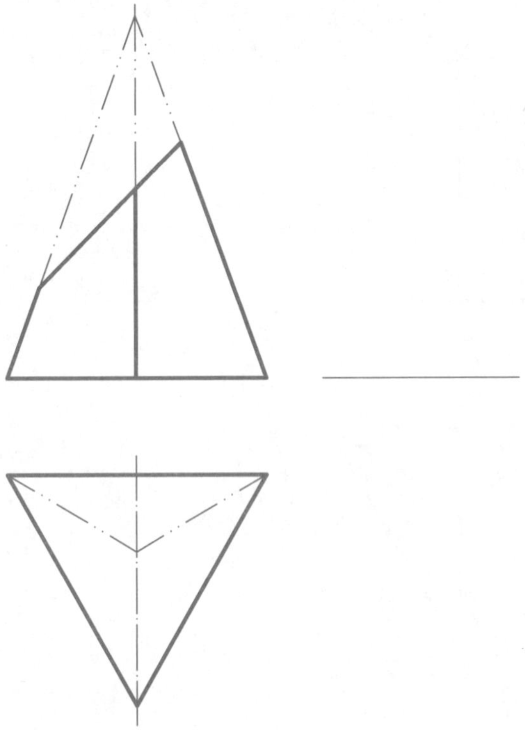

（3）

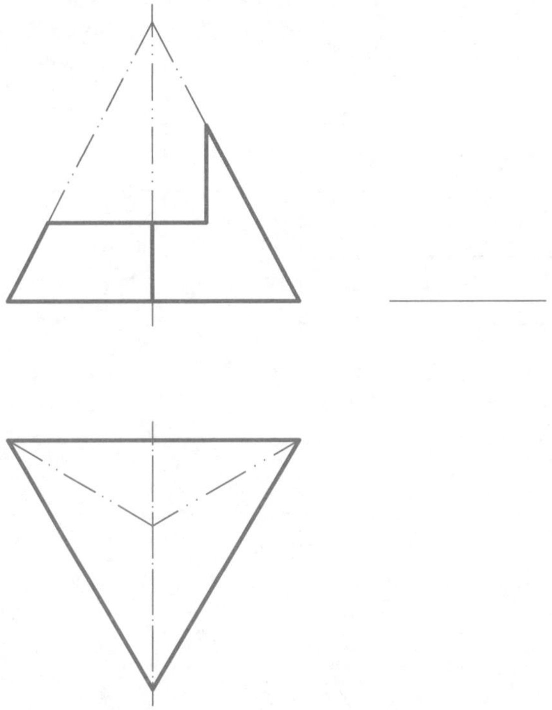

（4）

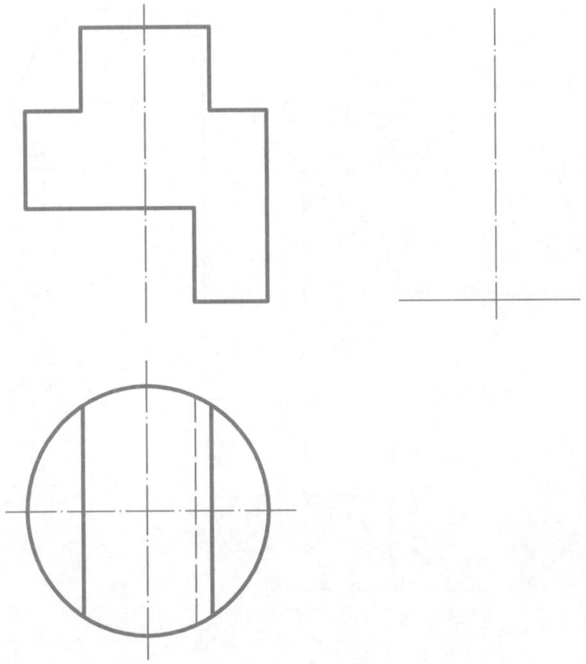

（5）

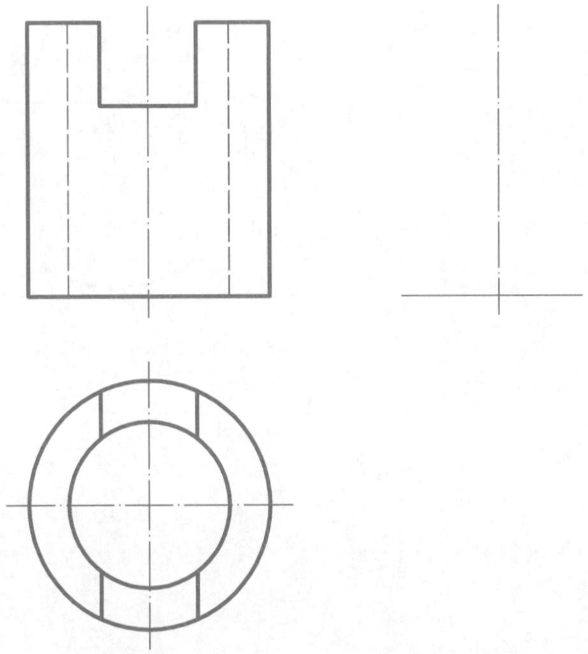

（6）

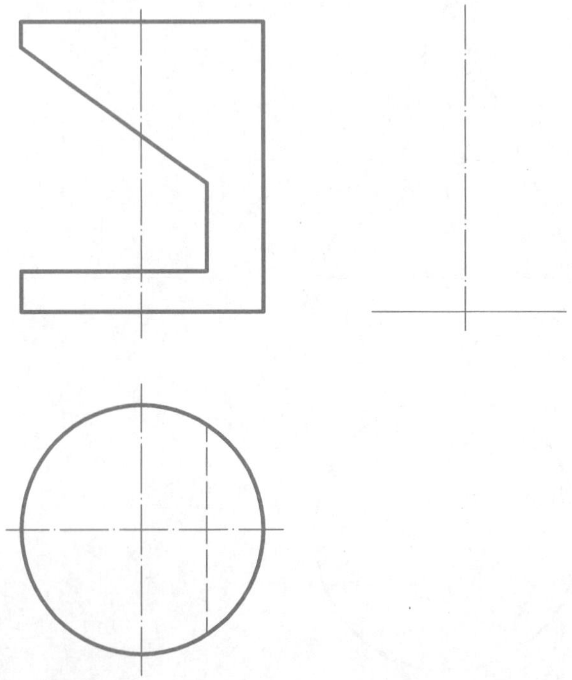

6-3 求出立体截切后的投影，保留作图线。

（1）

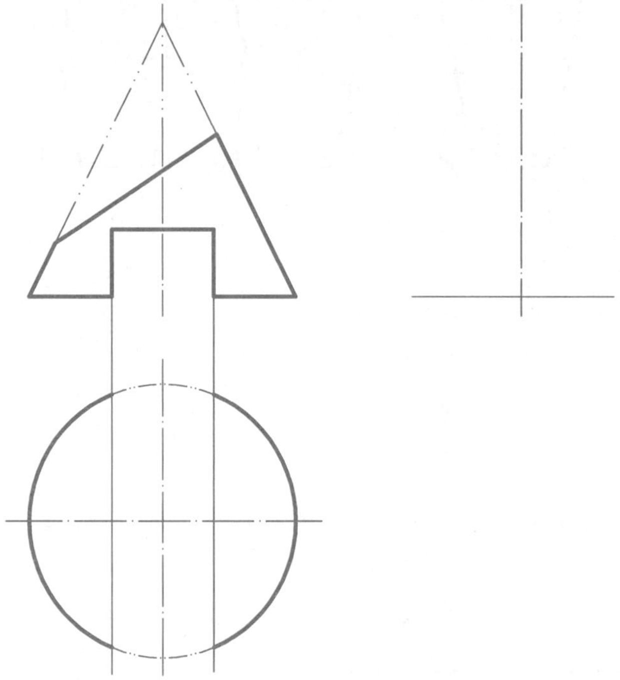

（2）

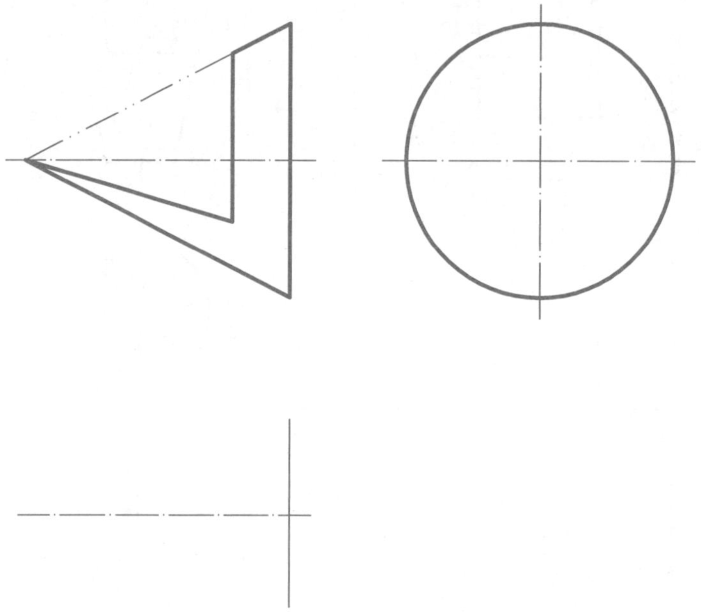

（3）

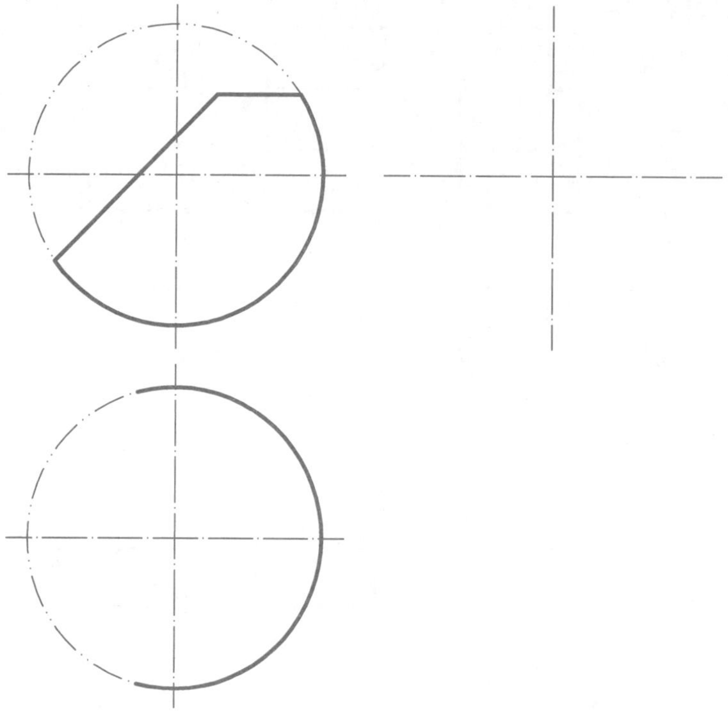

（4）

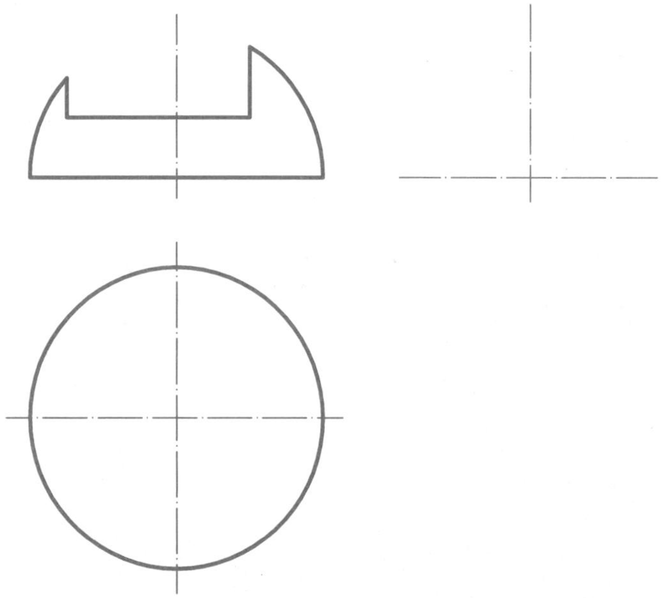

（5）

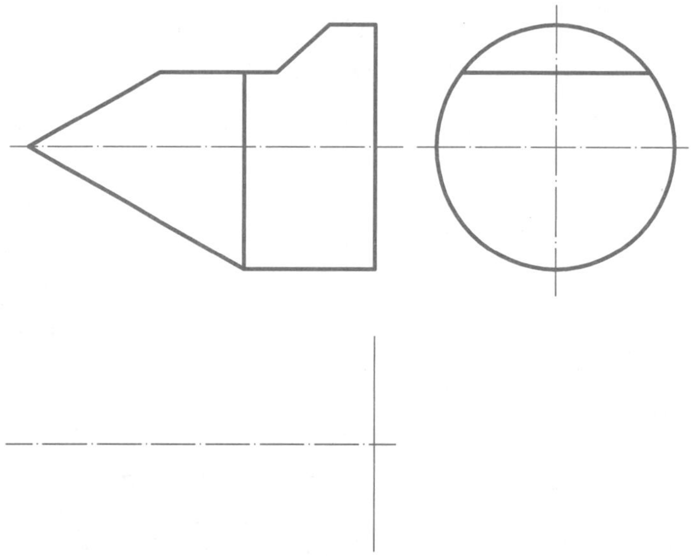

（6）

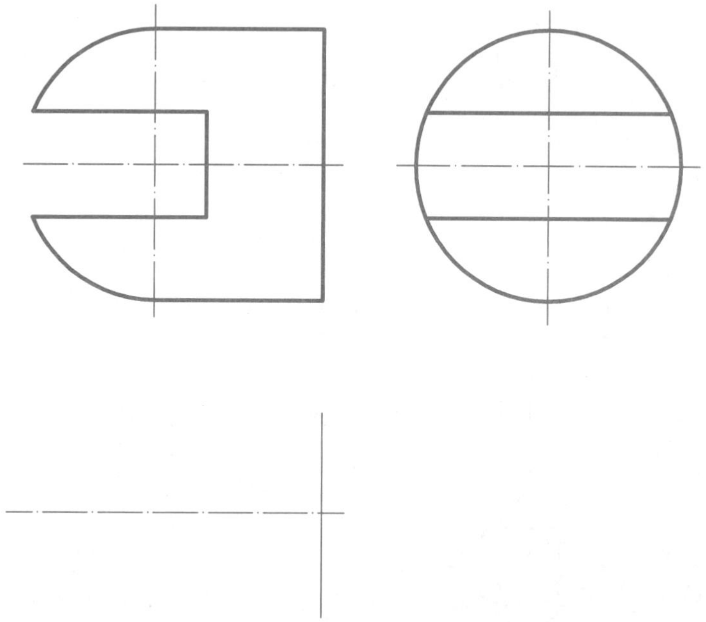

6-4 已知立体的正面投影和水平投影，在正确的侧面投影答案中画"√"。

（1）

（a）　　（b）　　（c）　　（d）

（2）

（a）　　（b）　　（c）　　（d）

（3）

（a）　　（b）　　（c）　　（d）

（4）

（a）　　（b）　　（c）　　（d）

（5）

（a）　　（b）　　（c）

（6）

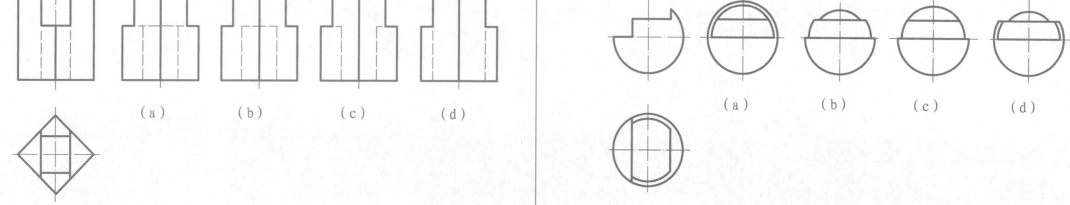

（a）　　（b）　　（c）　　（d）

6-5 画全相贯立体的第三投影，保留作图线。

（1）

（2）

（3）

（4）

（5）

（6）

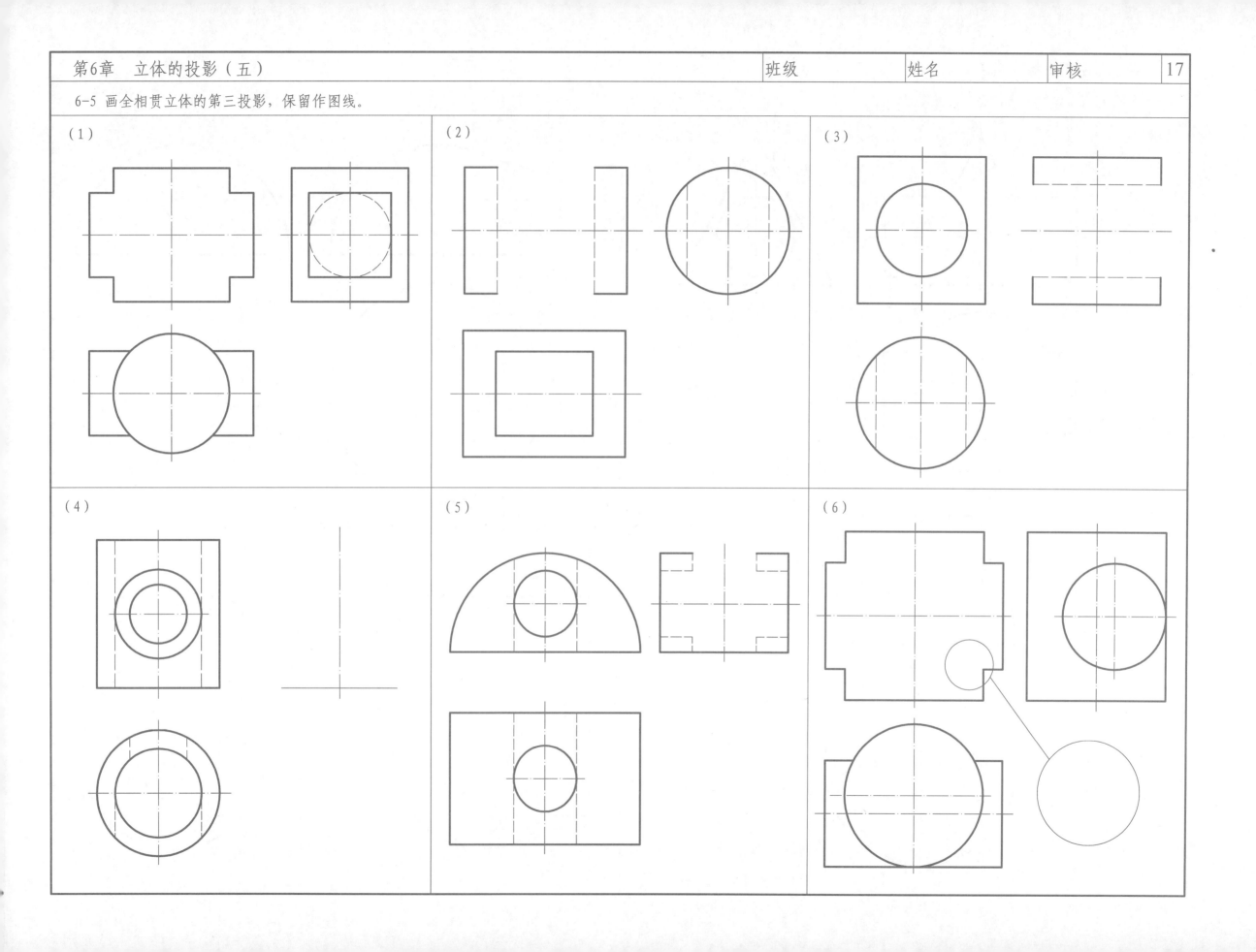

6-6 画全相贯立体的第三投影，保留作图线。

（1）

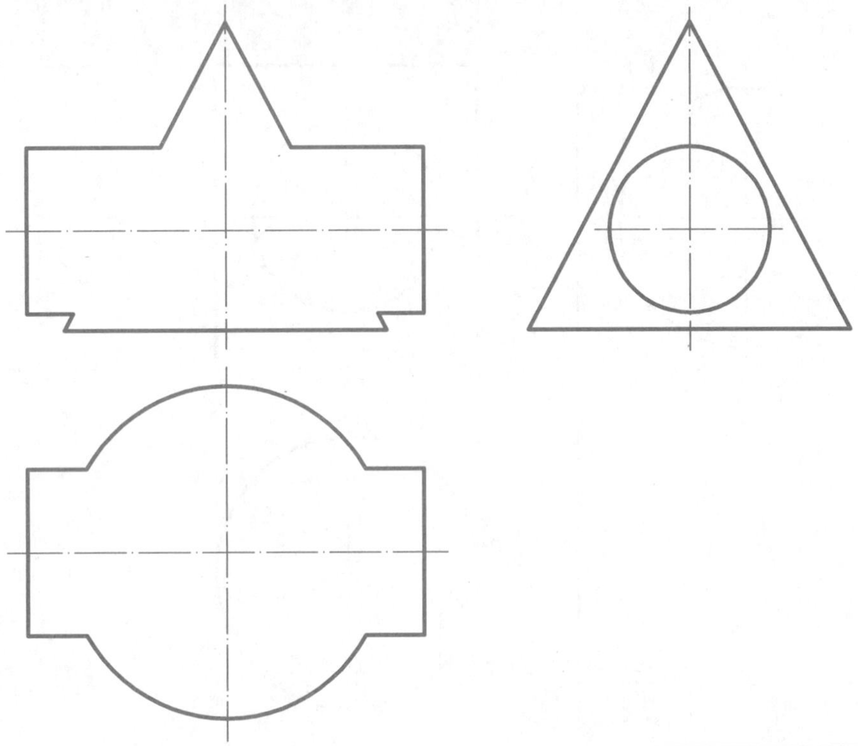

（2）

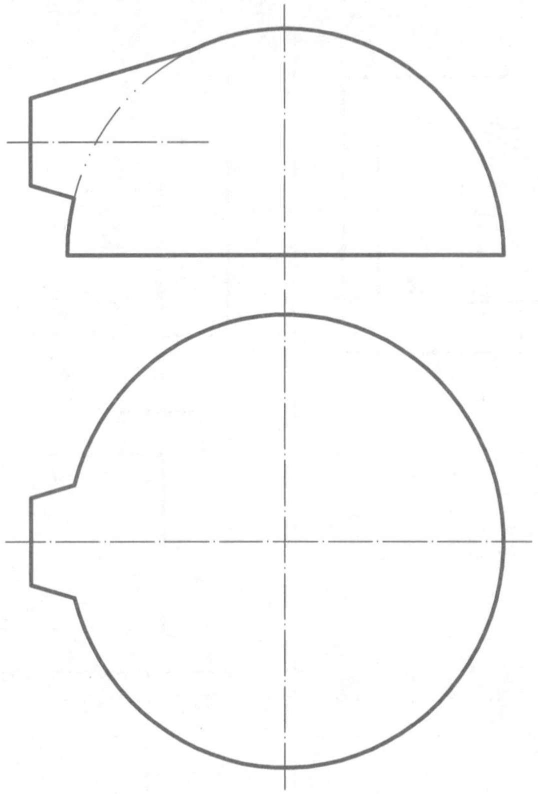

（3）

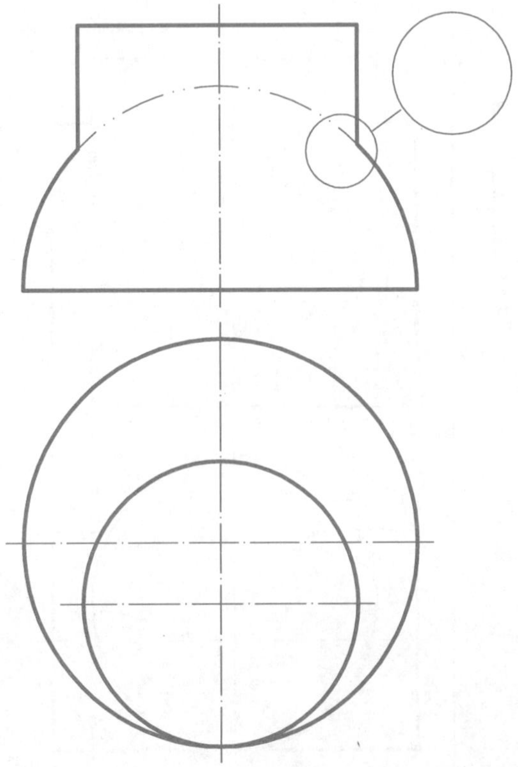

（4）

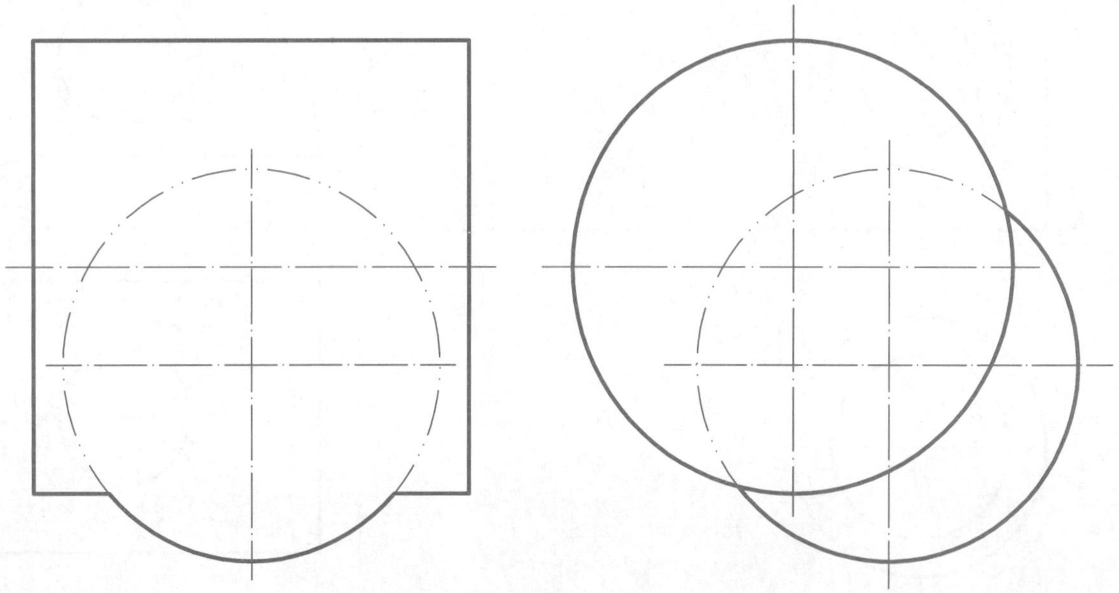

6-7 画全相贯立体的投影。

（1）	（4）	（7）	（10）

（2）	（5）	（8）	（11）

（3）	（6）	（9）	（12）

6-8　画全相贯立体的投影。

（1）

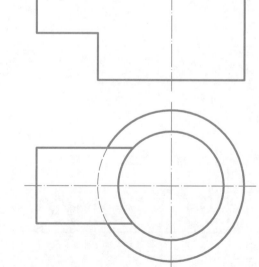

（2）

6-9　在正确的答案处画"✓"。

（1）

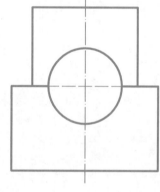

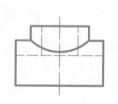 （a）　　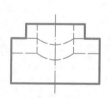 （b）　　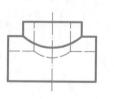 （c）　　（d）

（2）

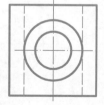

（a）　　　（b）　　　（c）　　　（d）

（3）

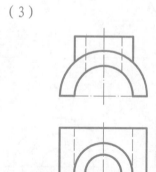

（a）　　　（b）　　　（c）

7-1 字体练习。

（1）长仿宋体汉字练习。

画法几何大学院系专业班级学号

机械制图基础投影零件装配轴测

设计审核比例材料数量共第张组合体机械

剖视尺寸计算机辅助绘图球阀粗糙度螺纹

齿轮键销标准技术要求电信自动化管物数姓名成绩

（2）字母及数字练习。

ABCDEFGHIJKLMNOPQRSTUVWXYZ

abcdefghijklmnopqrstuvwxyz

0123456789   0123456789   0123456789

I II III IV V VI VII VIII IX X α β γ δ θ λ π ϕ

7-2 图线练习。

（1）在指定位置画出下面的图形。

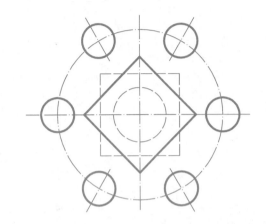

（2）剖面线练习。

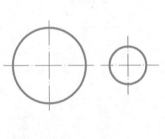

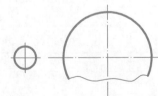

7-3 标注下列常见平面图形的尺寸(尺寸数值从图中量取，取整数)。

（1）标注尺寸和箭头。

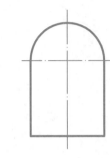

（2）标注角度尺寸数值。

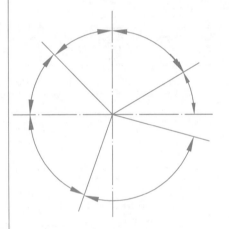

（3）标注直径尺寸。

（4）标注半径尺寸。

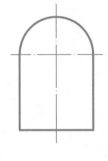

（5）标注小间距尺寸。

（6）标注尺寸数字和箭头。

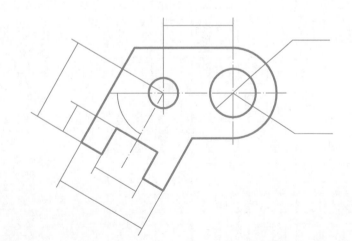

7-4 在指定位置，按1:2的比例画出下列图形。

（1）

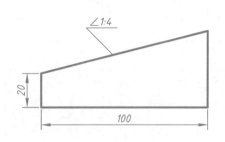

（2）

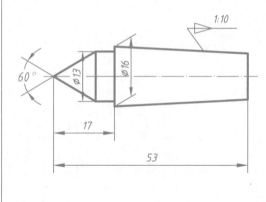

7-5 标注下列常见平面图形的尺寸（尺寸数值从图中量取，取整数）。

（1）

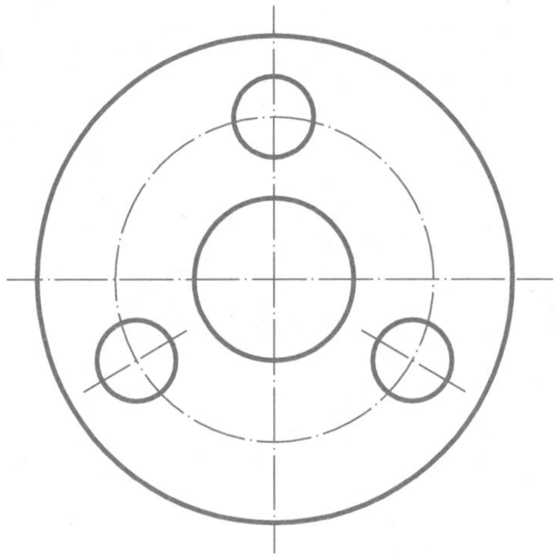

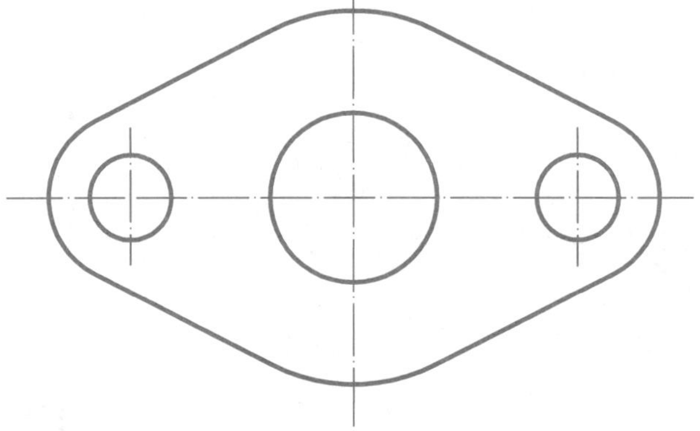

（3）

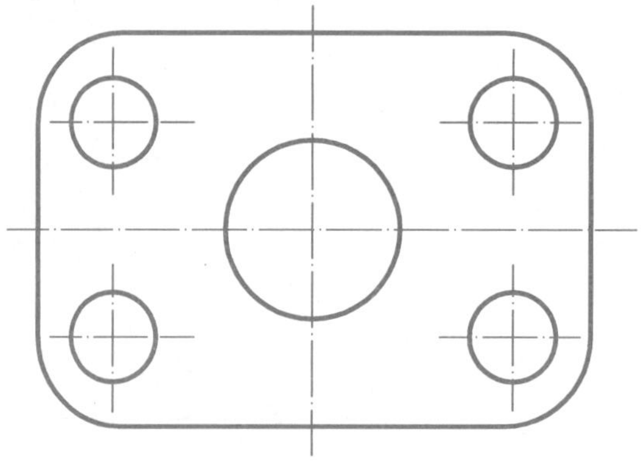

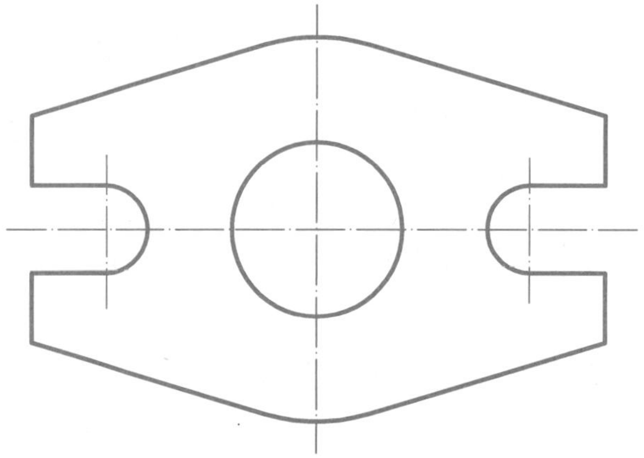

（5）

（2）

（4）

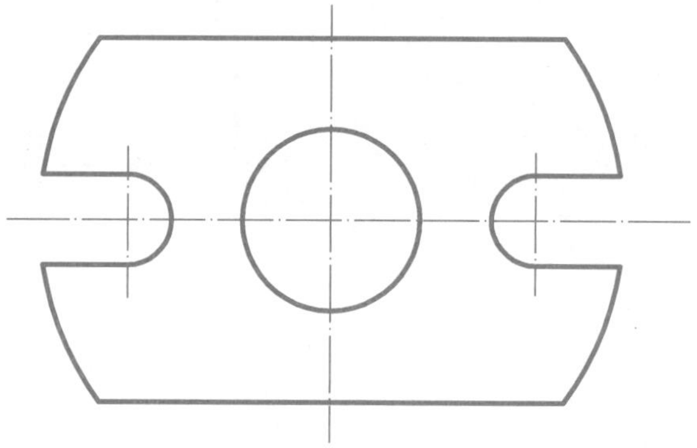

（6）

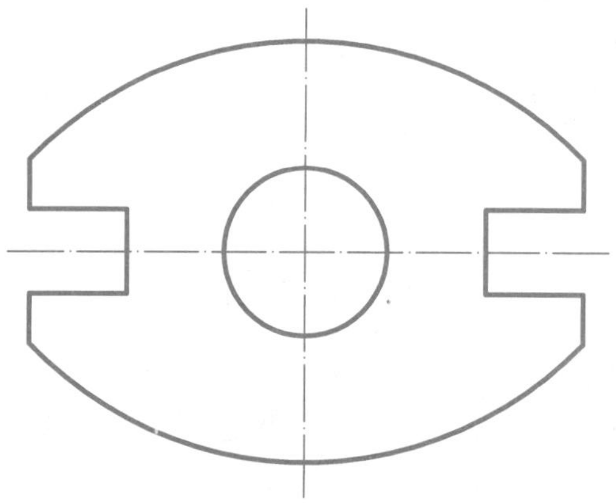

7-6 平面图练习(要求：把下面图形按1:1的比例画在A3幅面的图纸上，并标注尺寸。图名：几何作图)。

（1）

（2）

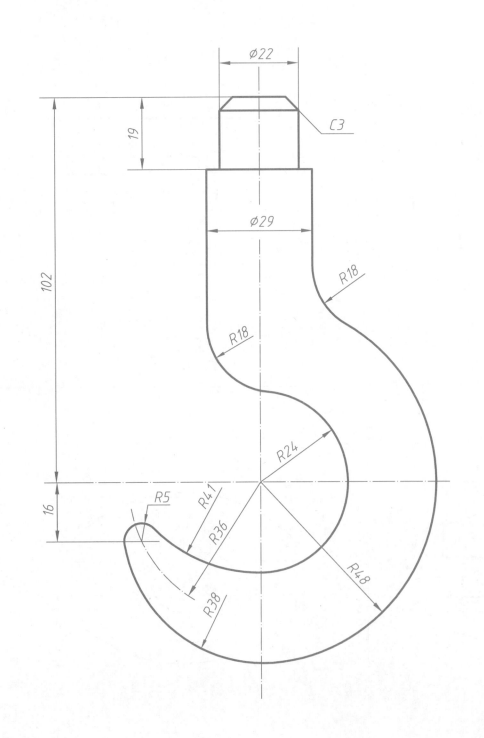

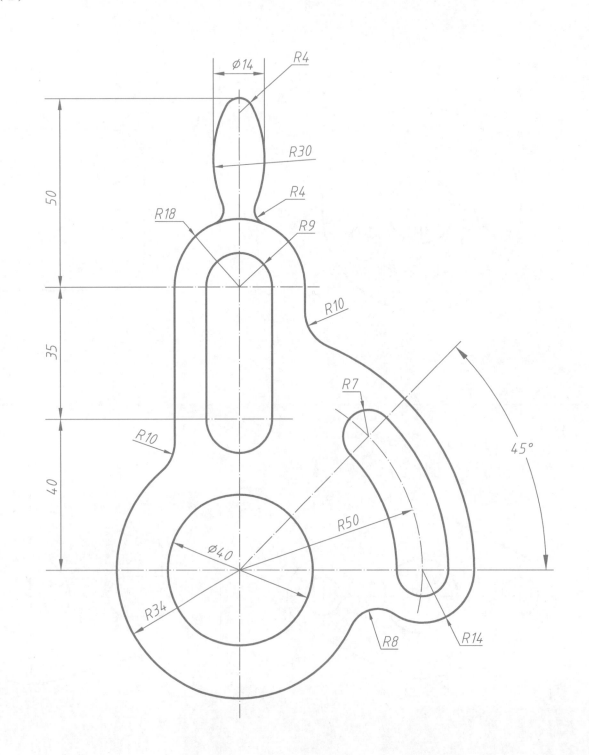

8-1 根据轴测图补画视图中所缺的图线。

（1）

（2）

（3）

（4）

（5）

（6）

（7）

（8）

（9）

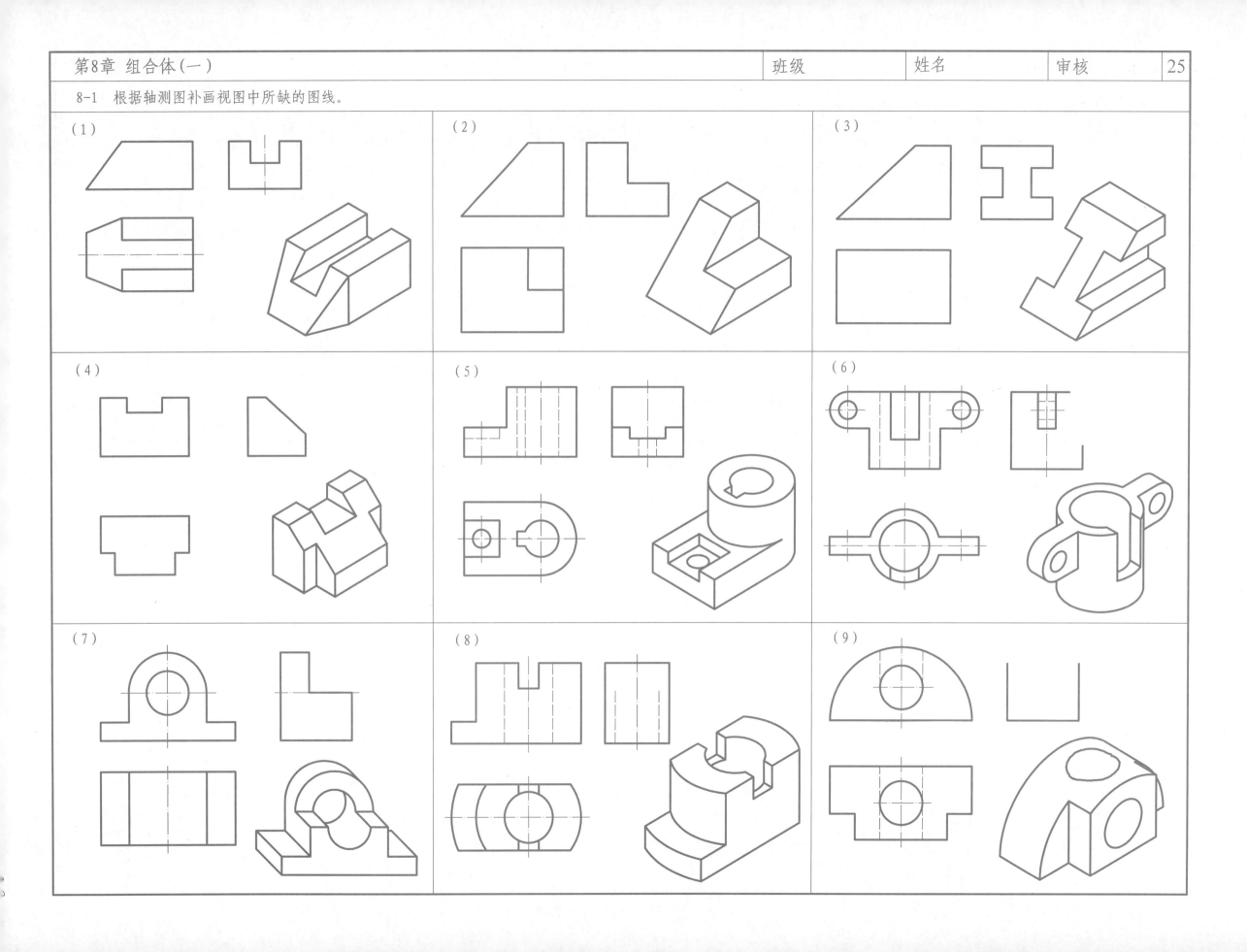

8-2　根据轴测图上所注尺寸，用1:1画出组合体的三视图，并标注尺寸。

（1）

（2）

（3）

（4）

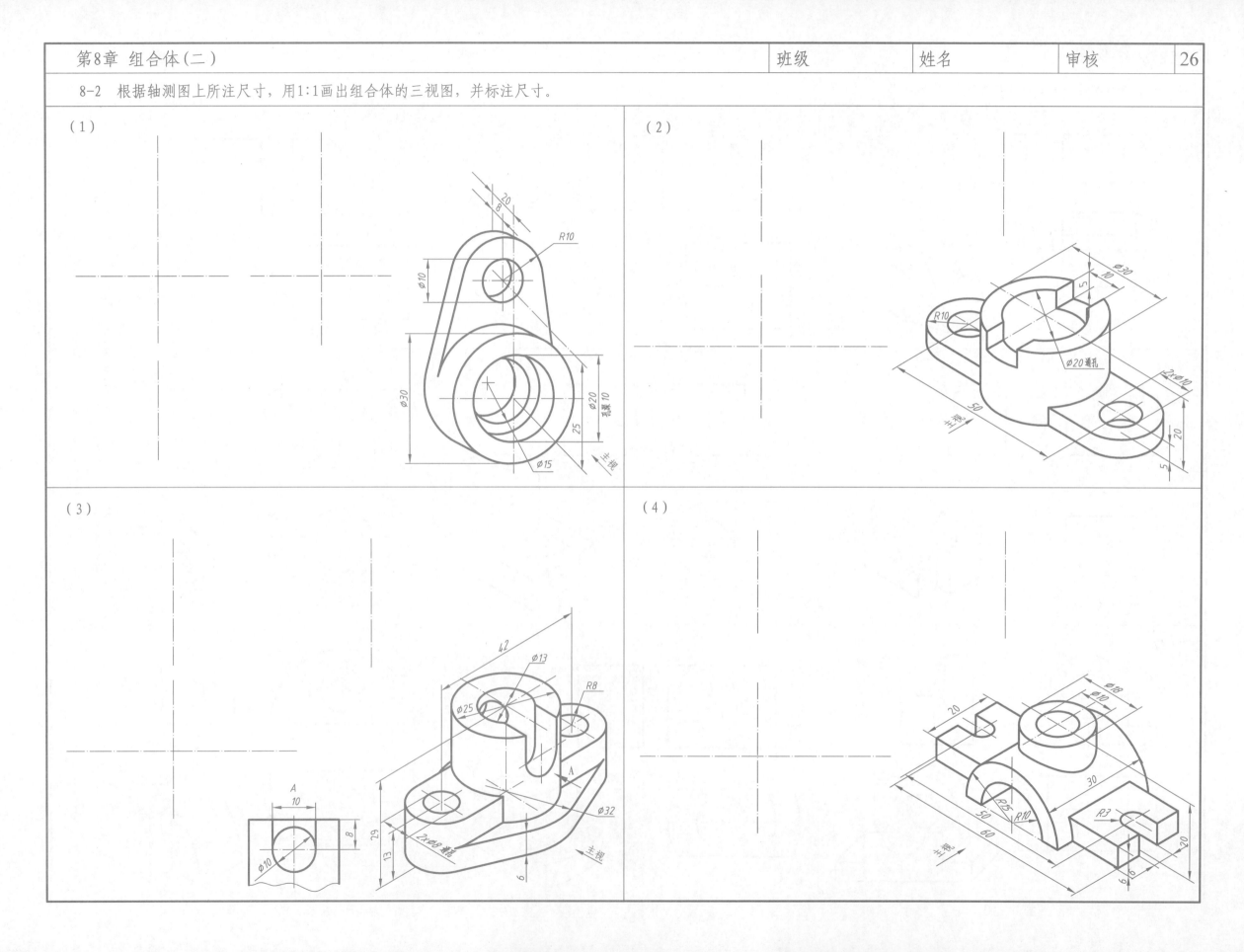

8-3 补画视图中所缺的图线。

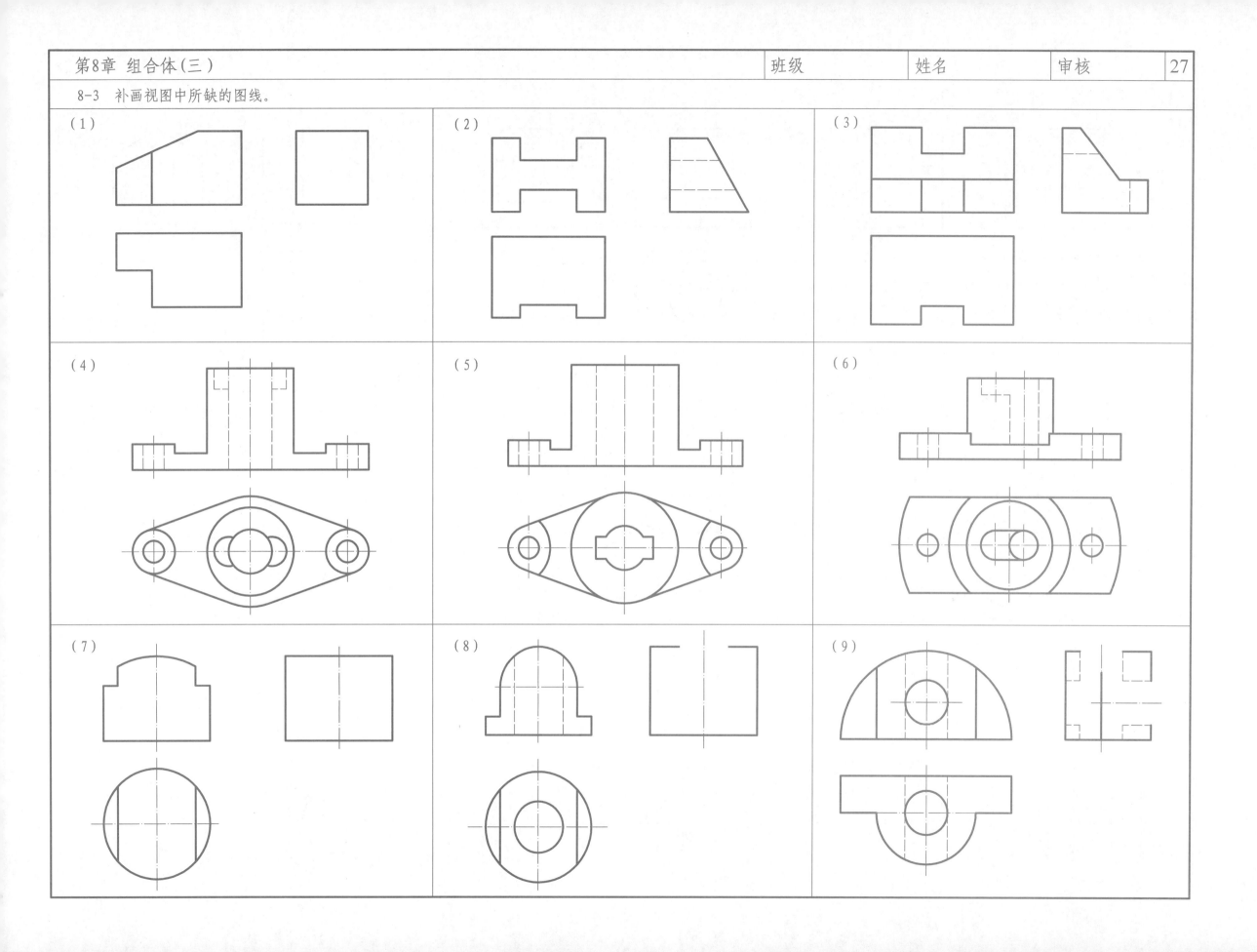

（1）

（2）

（3）

（4）

（5）

（6）

（7）

（8）

（9）

8-4 补画组合体三视图中所缺的图线。

（1）

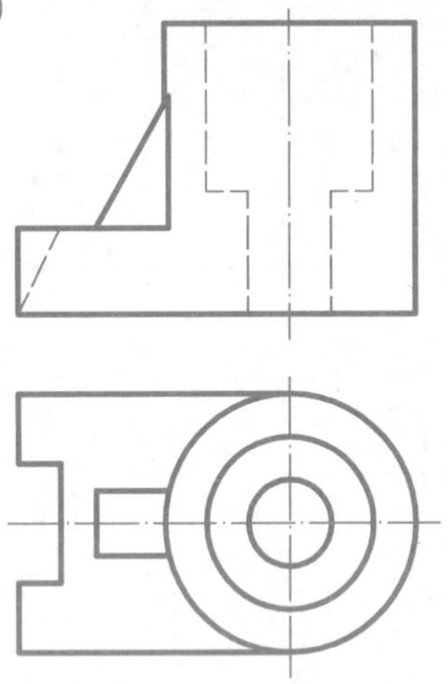

（2）

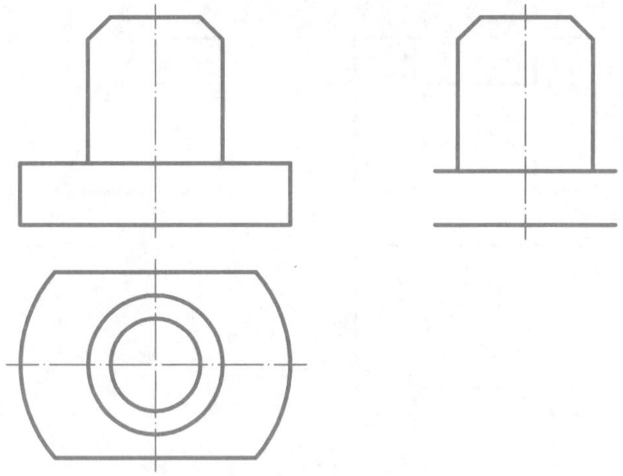

（3）

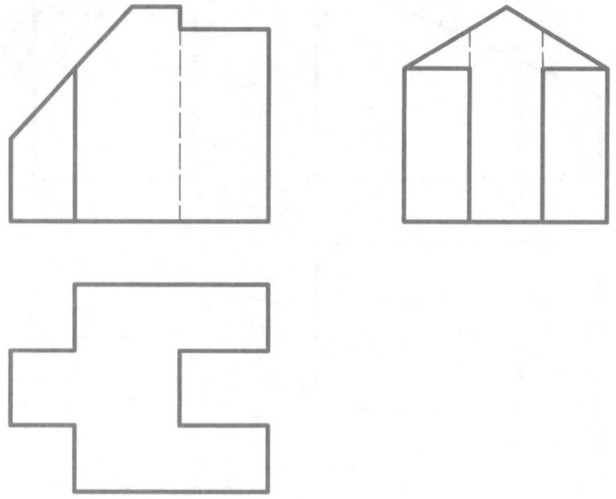

（4）

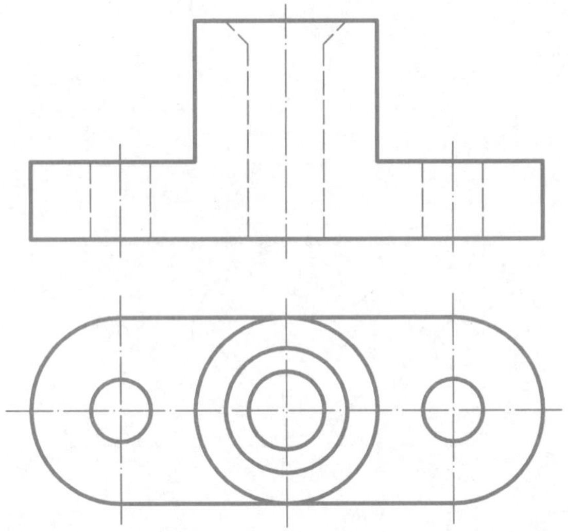

（5）

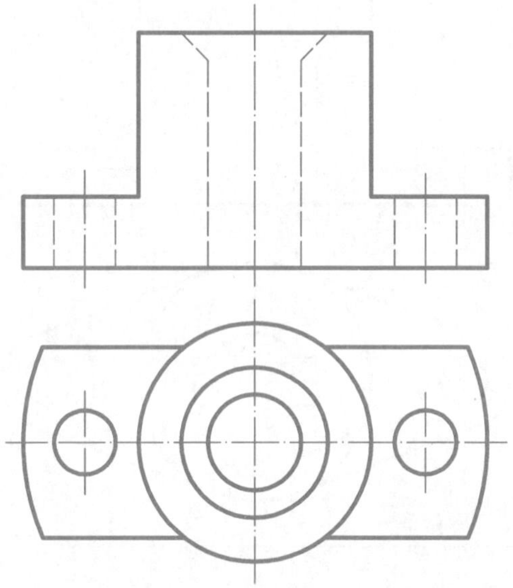

（6）

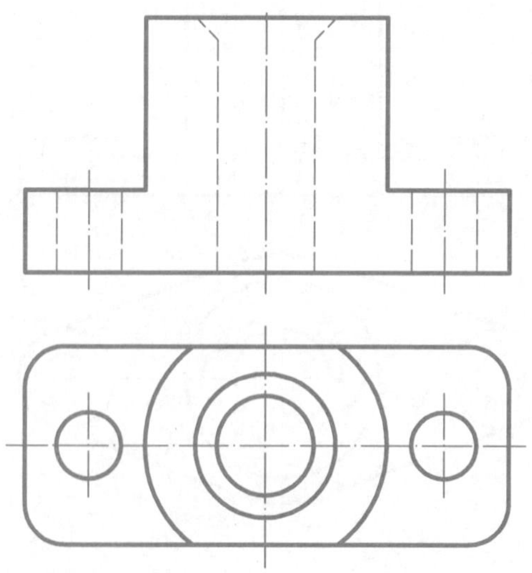

（7）

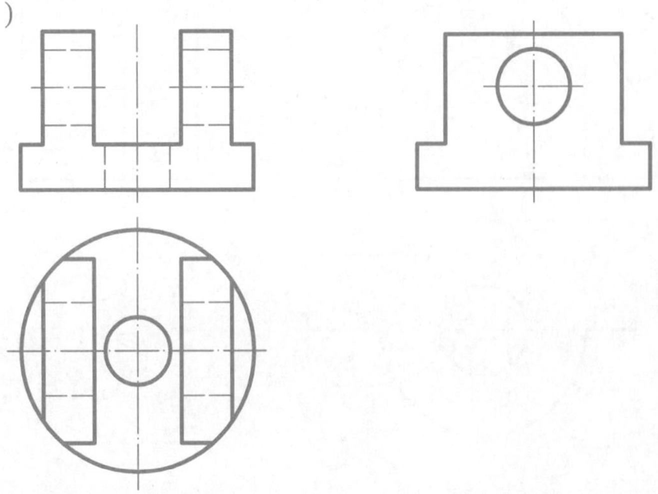

（8）

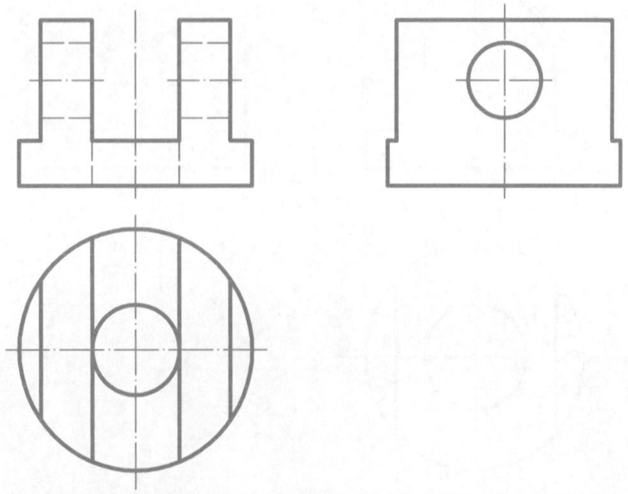

（9）

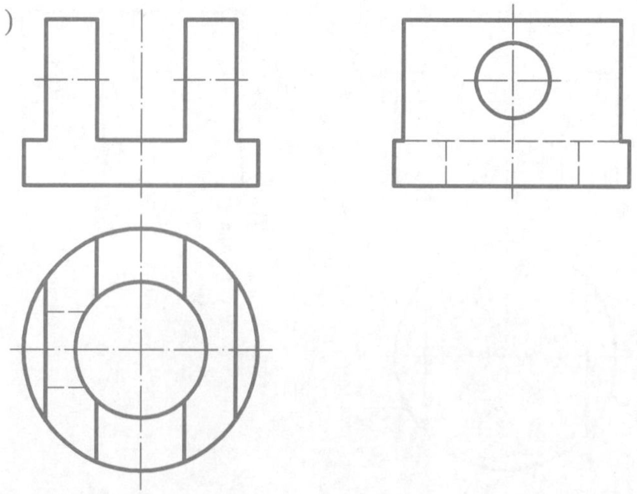

（10）

（11）

（12）

（13）

（14）

（15）

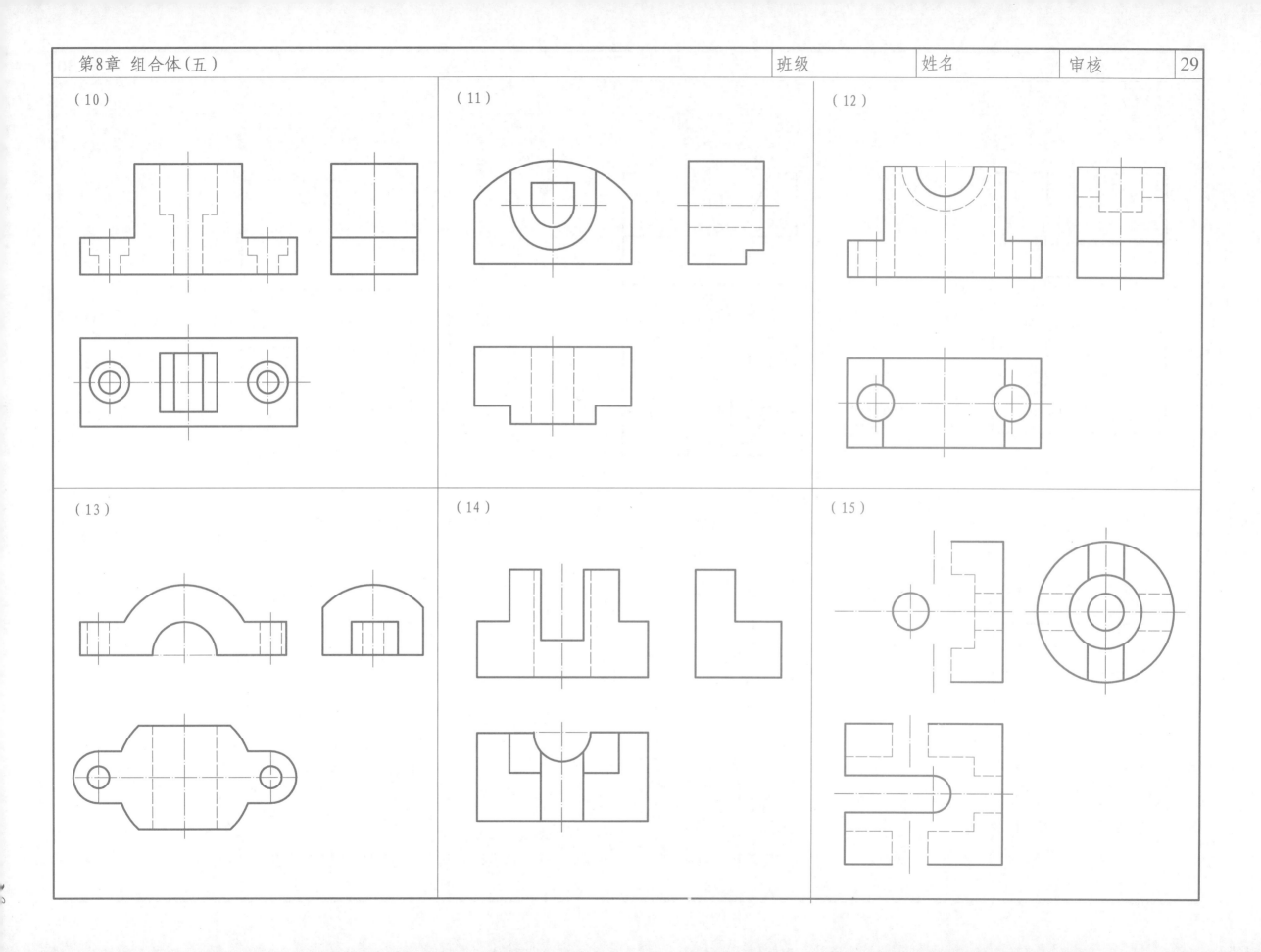

8-5 根据两视图补画第三视图。

（1）

（2）

（3）

（4）

（5）

（6）

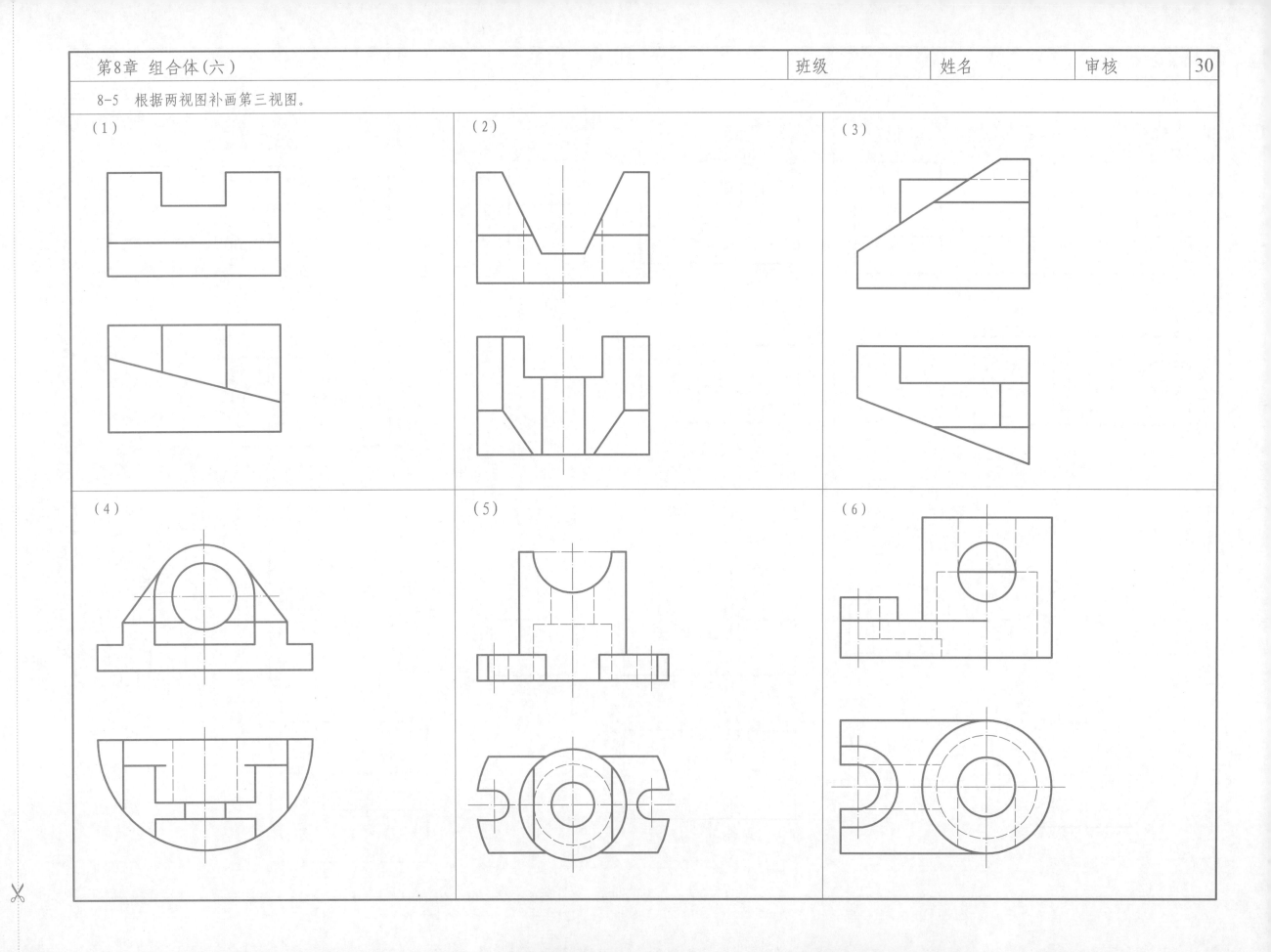

8-6 根据两视图补画第三视图，并标注尺寸。

（1）

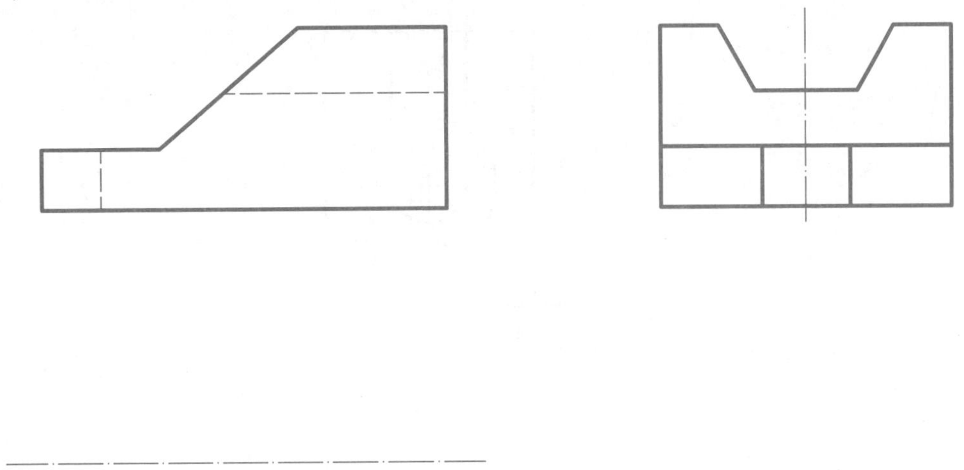

（2）

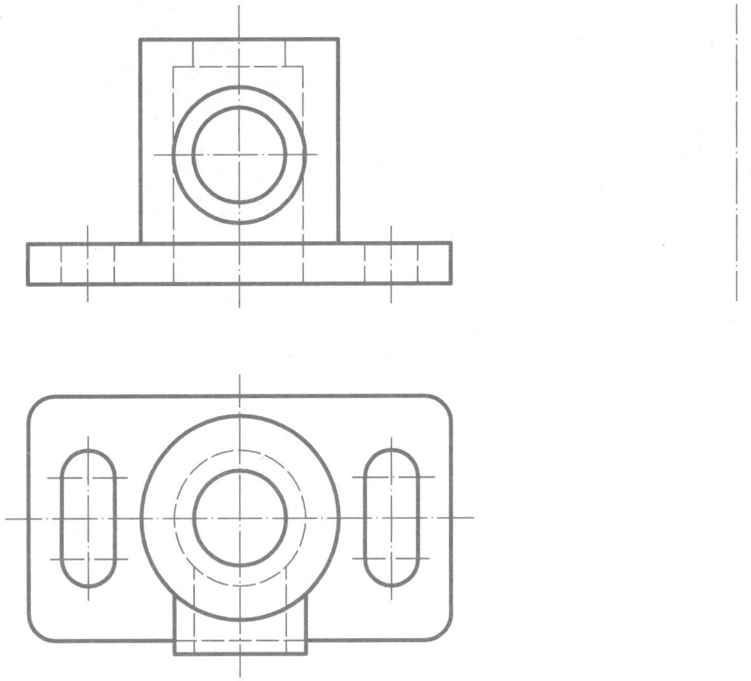

（3）

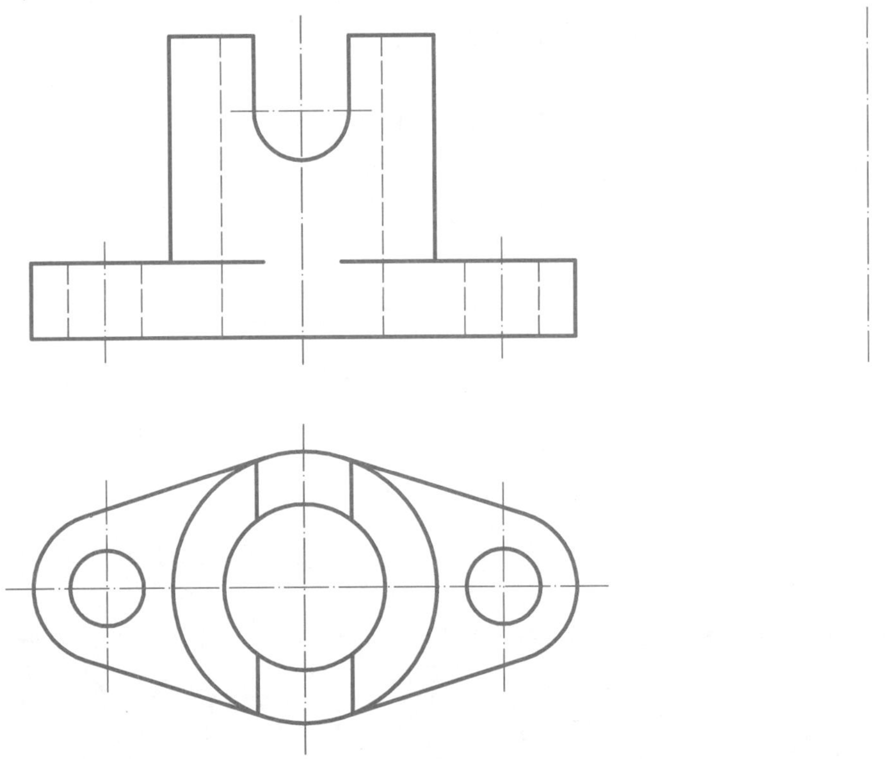

（4）

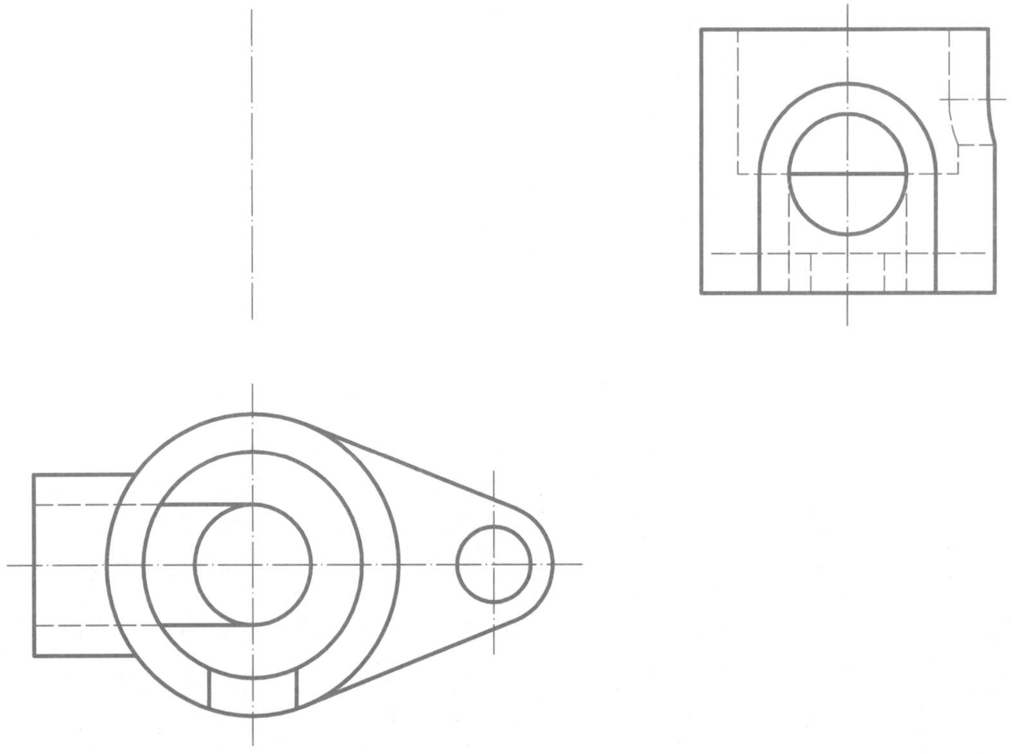

8-7 根据轴测图在A3图纸上用2:1画出组合体的三视图,并标注尺寸。

（1）

8-8 根据主视图构思物体的形状，并补画另两视图。

（1）

（2）

（2）

（3）

（4）

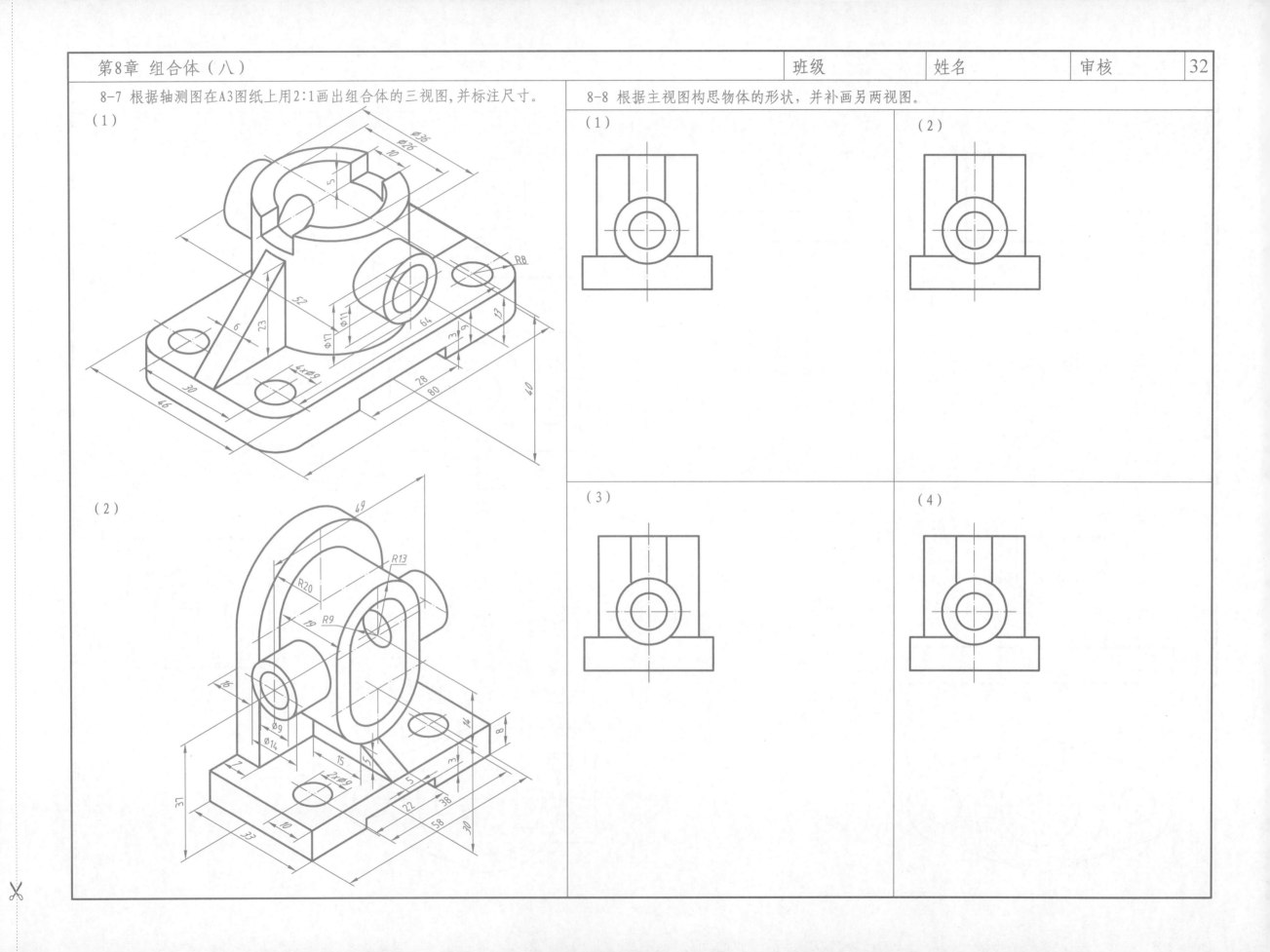

9-1 根据投影图用简化伸缩系数画出下列物体的正等轴测图。

（1）

（2）

（3）

（4）

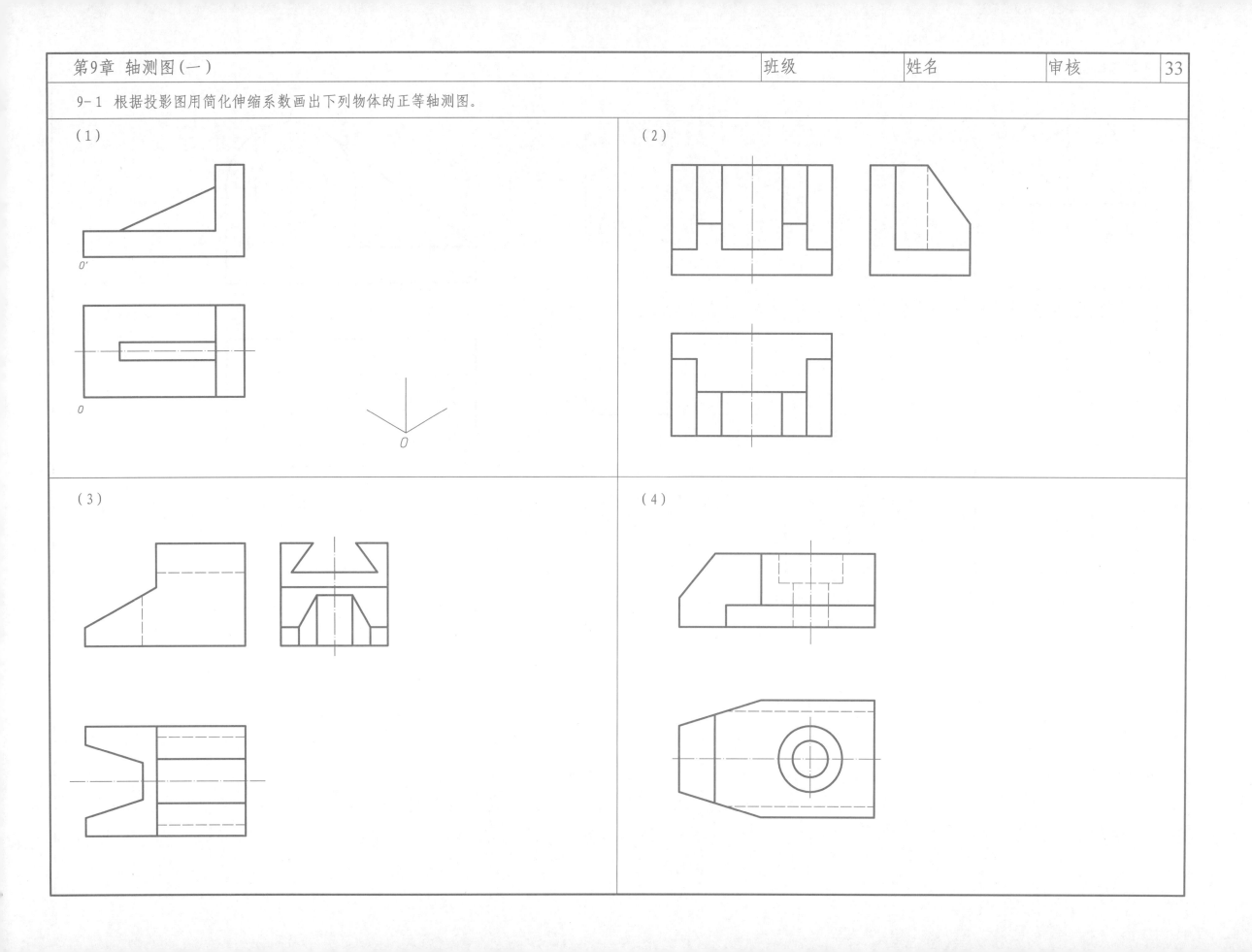

（5）

（6）

（7）

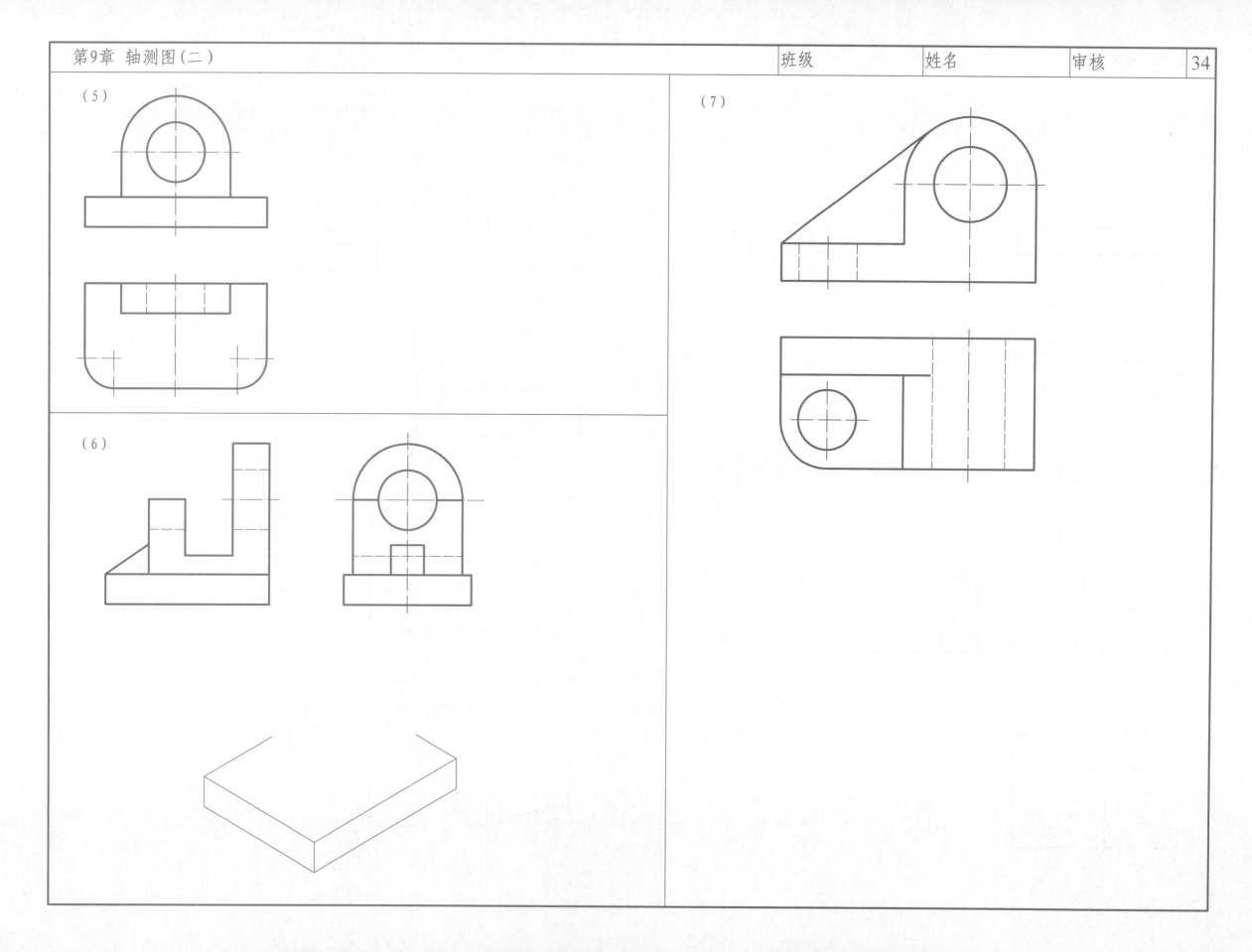

9-2 根据投影图画题中给定物体的斜二轴测图(q=0.5)。

（1）

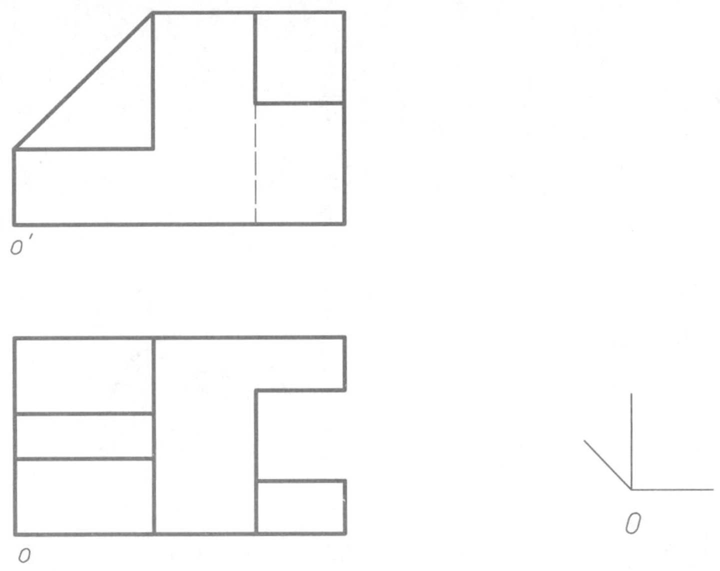

o'

o

O

（2）

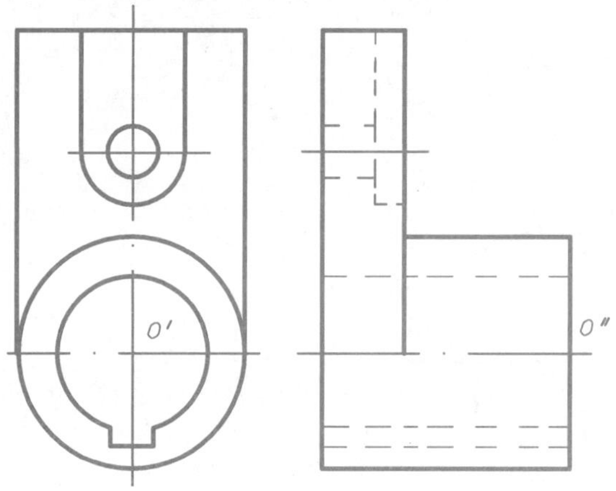

O'

O''

（3）

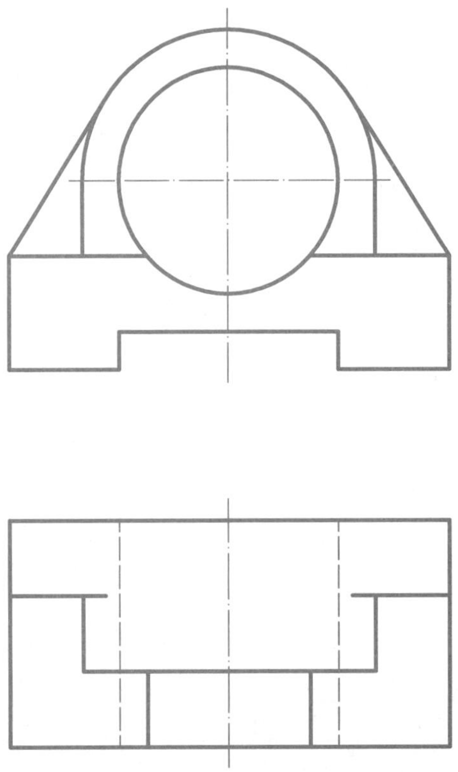

9-3 画机件的轴测图，并作剖切（A4图纸）。

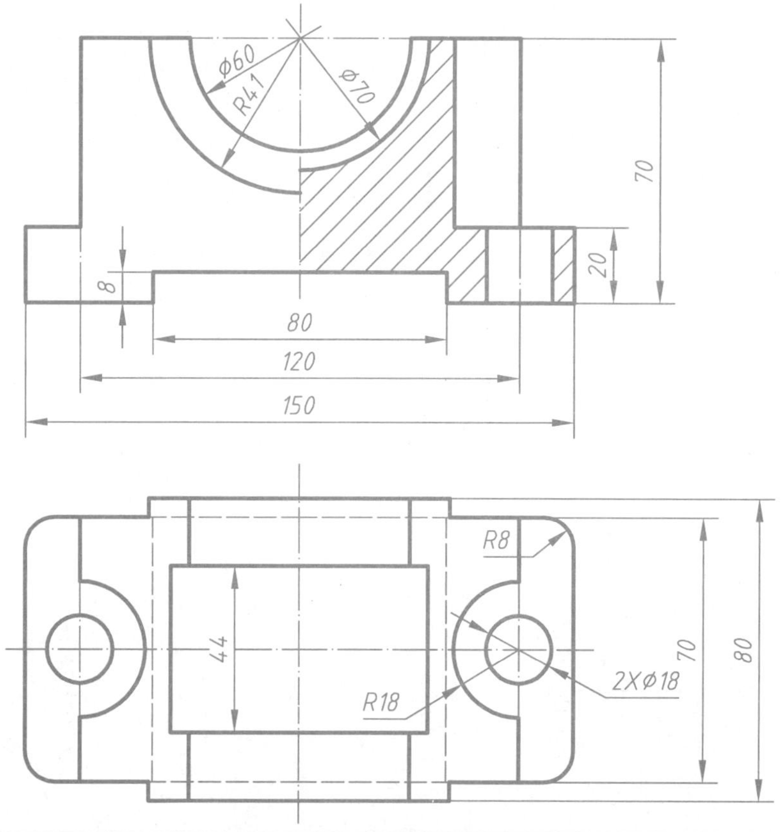

$\phi60$
$R41$
$\phi70$

70

8

20

80

120

150

R8

44

R18

2X$\phi18$

70

80

10-1　视图。

（1）画出其余的基本视图。

（3）画出A向斜视图。

（2）将其余基本视图画成向视图。

（4）画出A向局部视图。

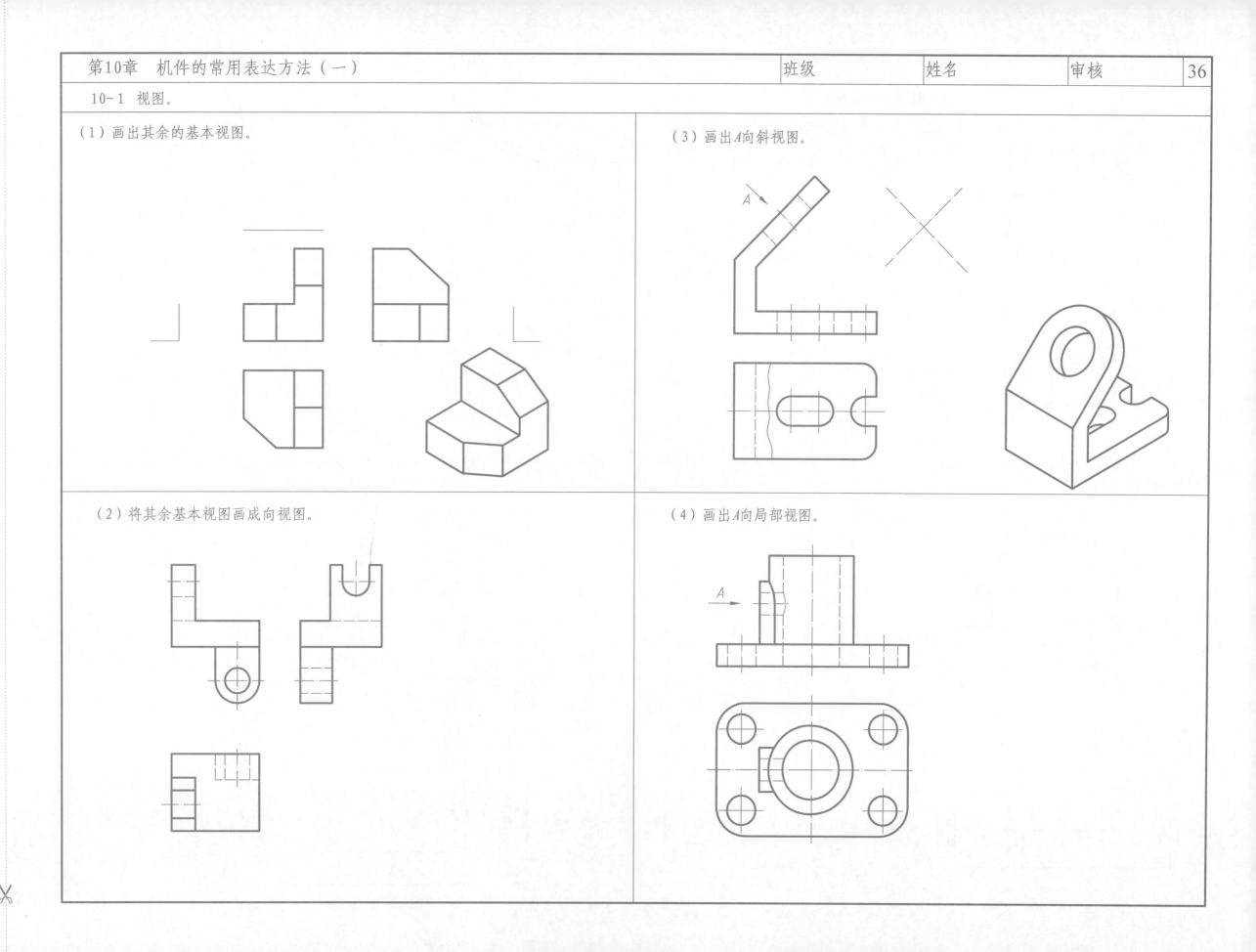

10-2 分析下列各剖视图，漏的线补上，多的线打"×"。

（1）

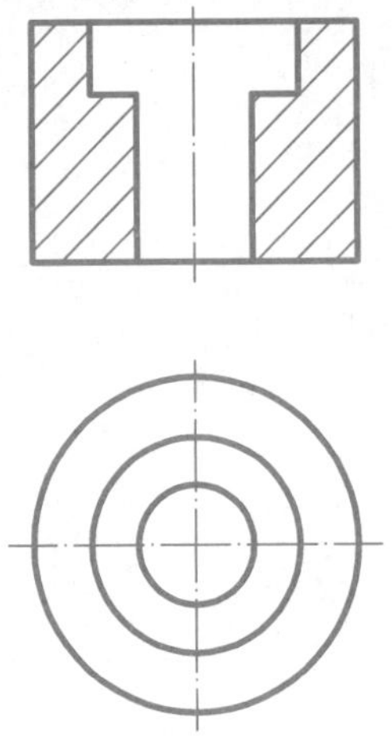

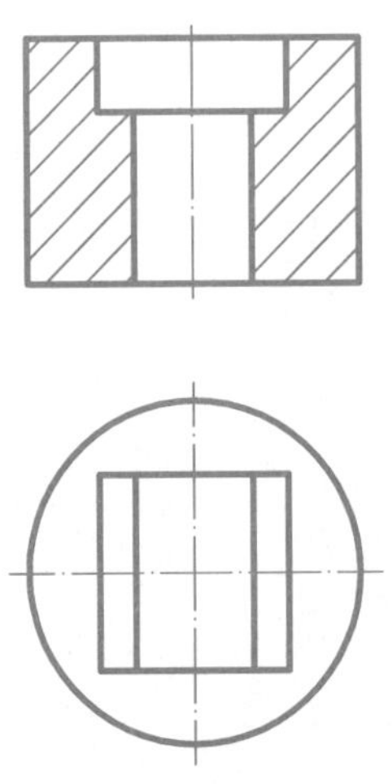

（4）

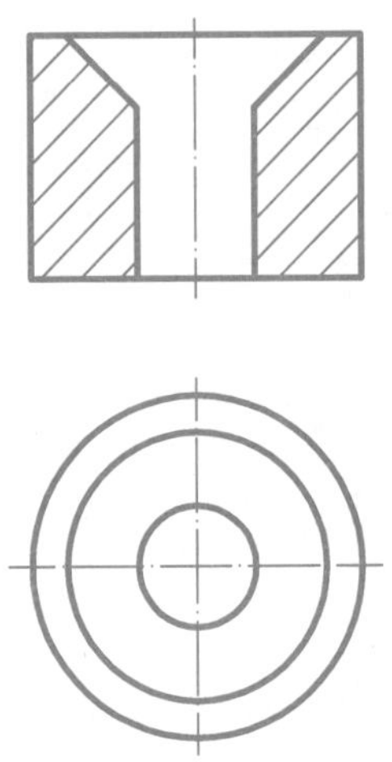

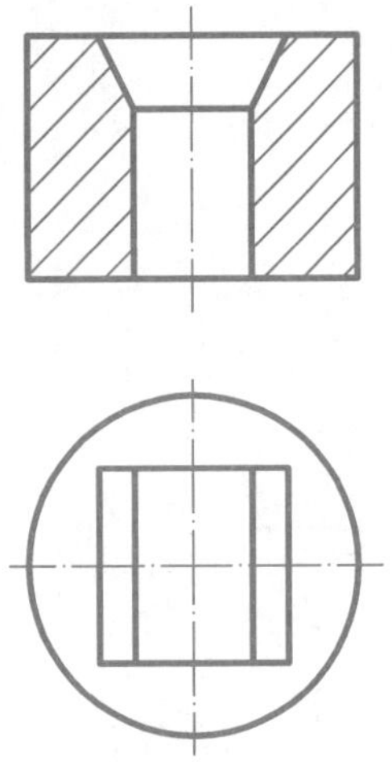

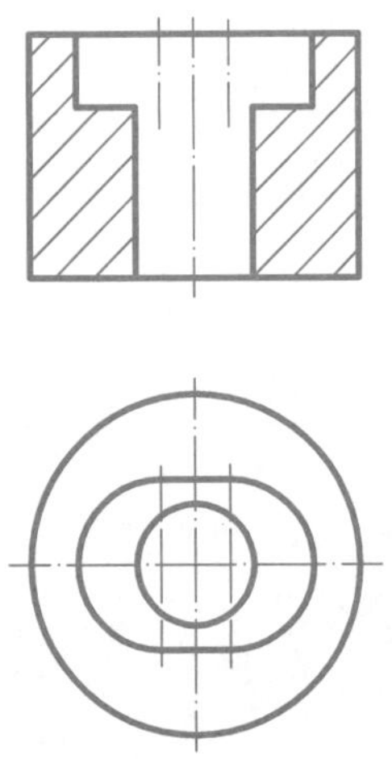

（7）

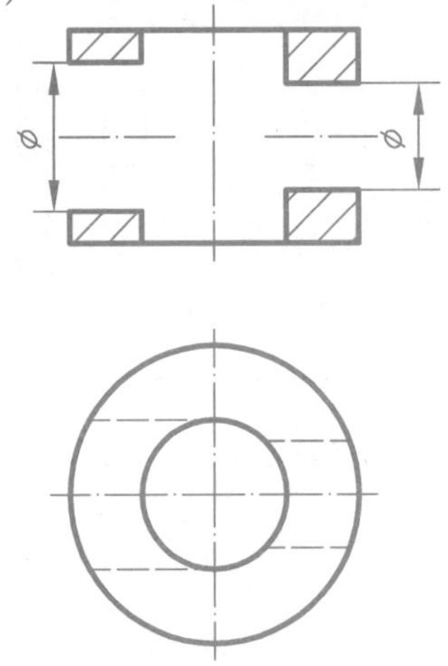

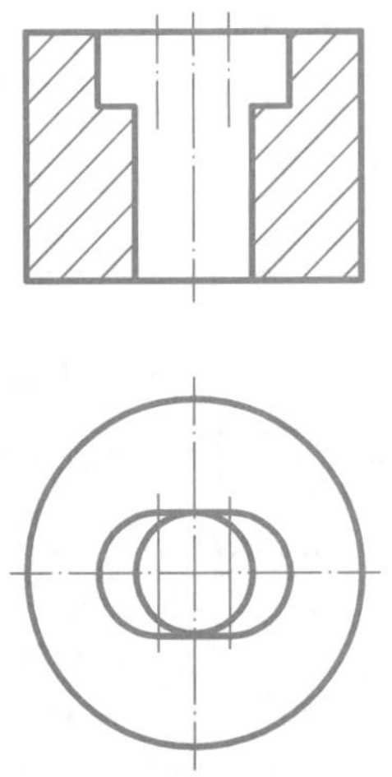

（10）

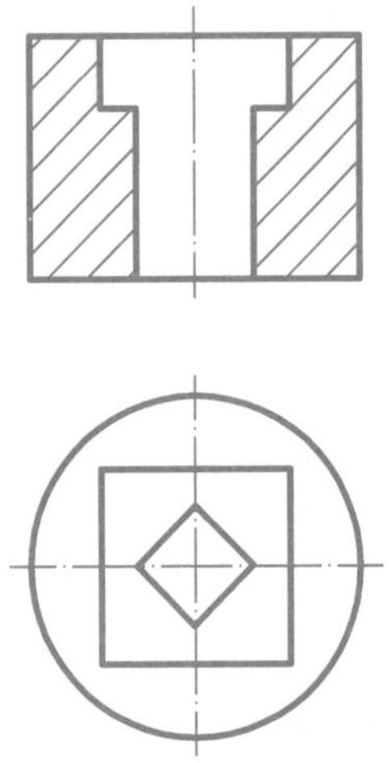

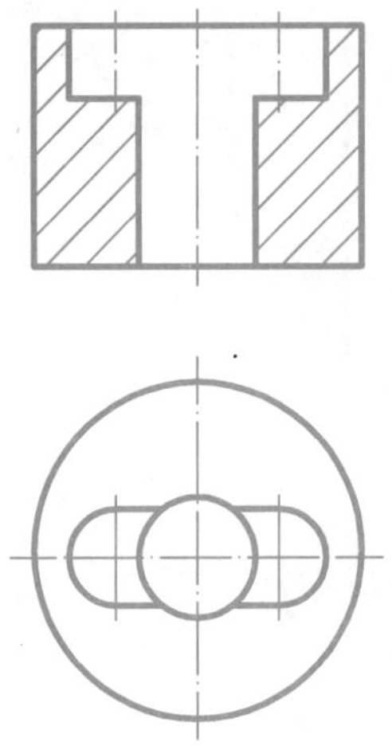

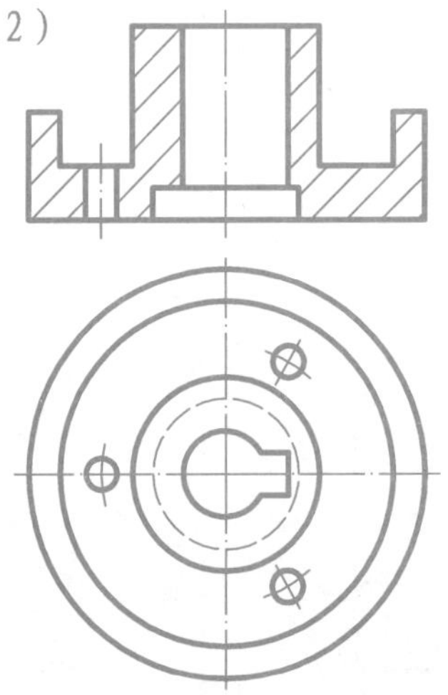

（13）

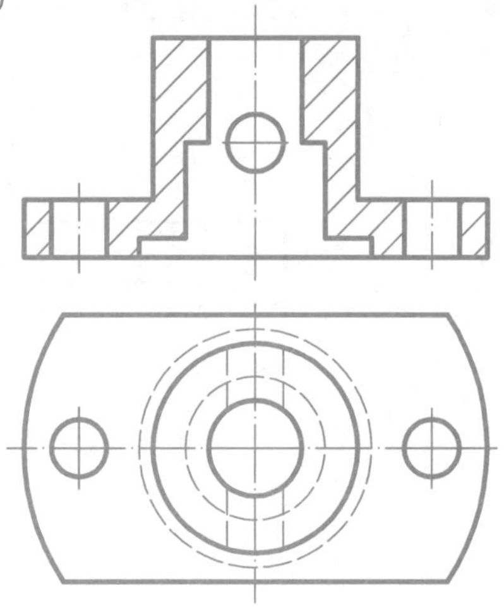

（2）

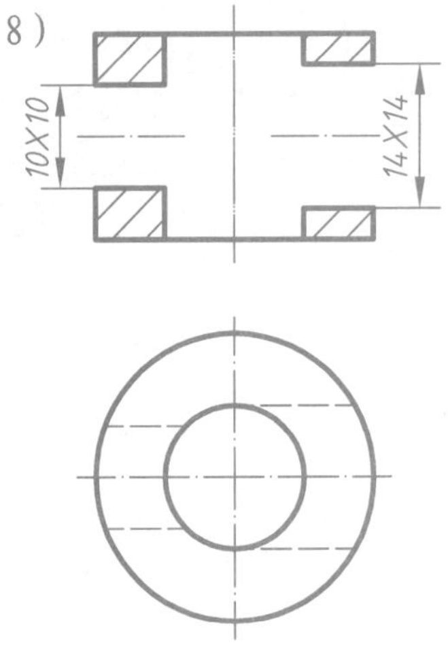

（5）

（8）

（11）

（14）

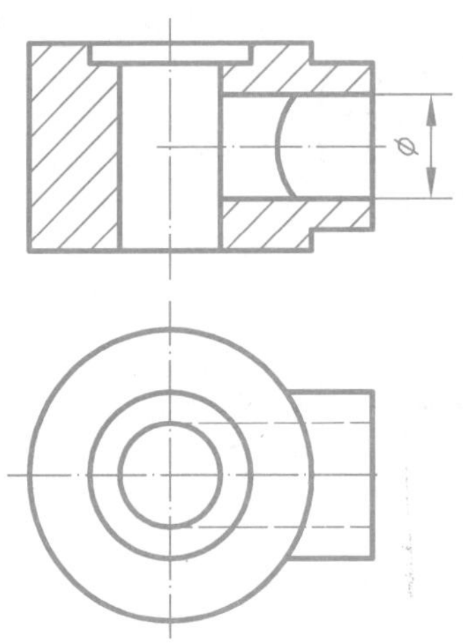

（3）

（6）

（9）

（12）

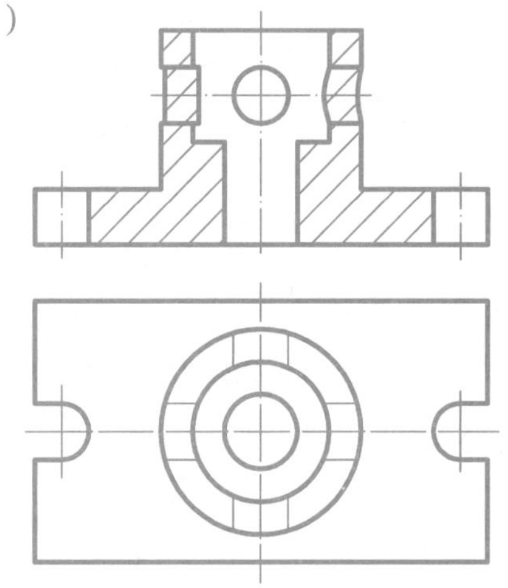

（15）

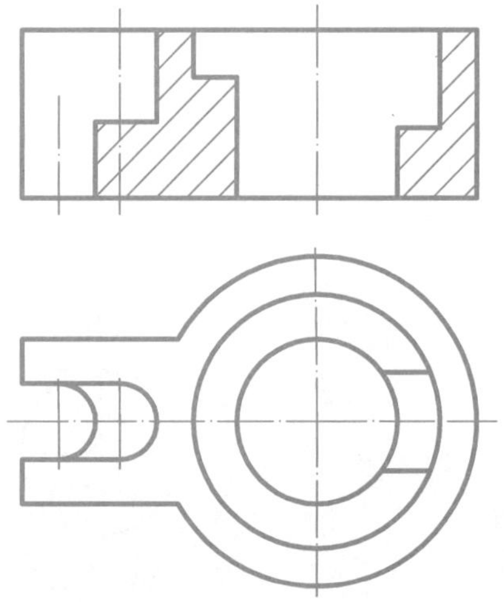

10-3 将主视图画成全剖视图。

（1）

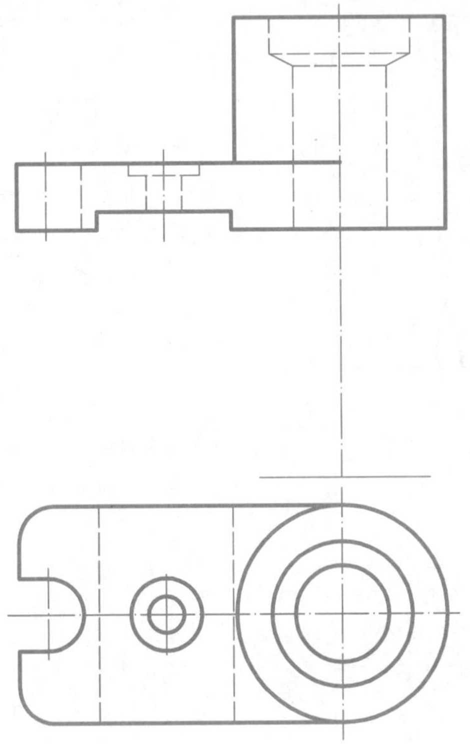

（2）

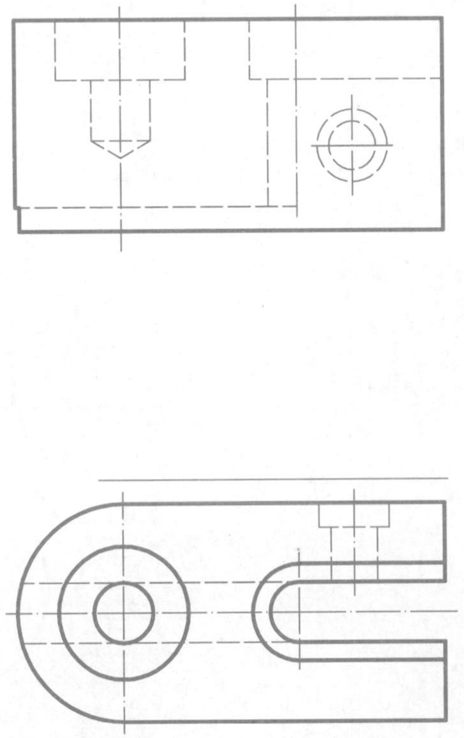

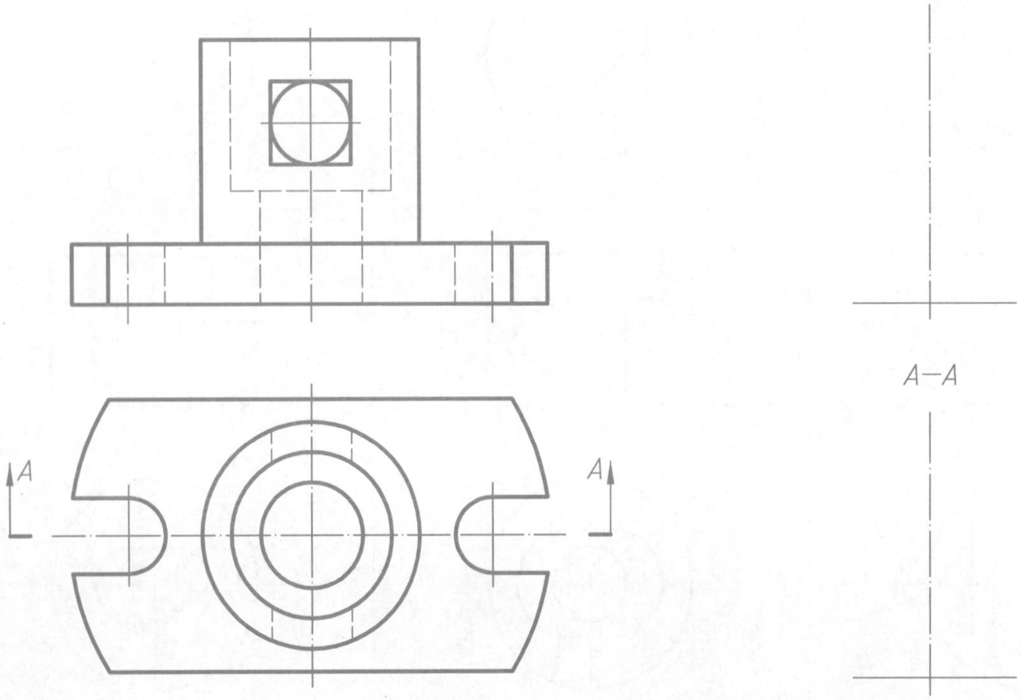

10-4 将主视图画成半剖视图、左视图画成全剖视图。

（1）

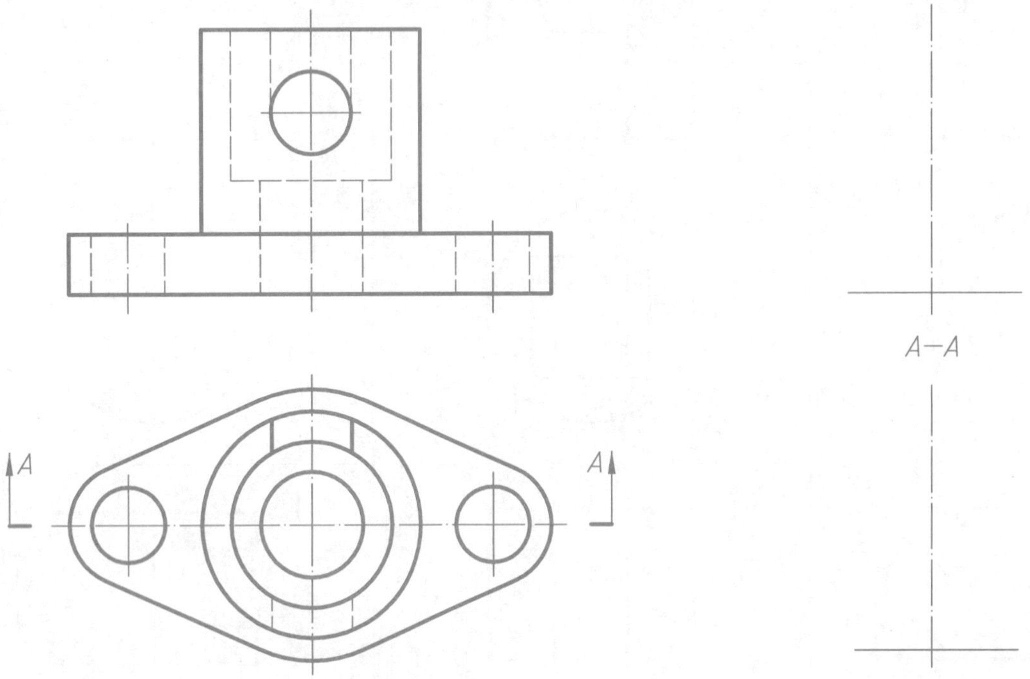

A—A

（2）

A—A

10-5 将左视图画成半剖视图。

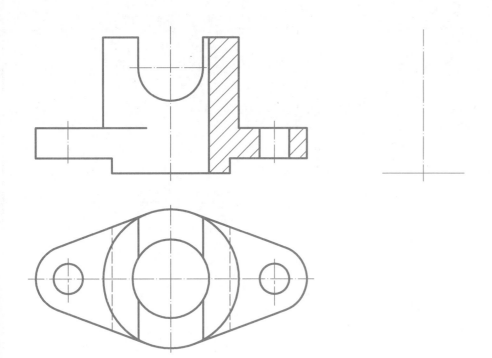

10-6 将主视图画成半剖视图，左视图画成全剖视图。

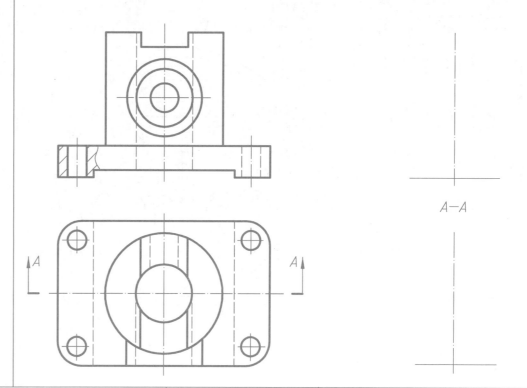

A—A

10-7 改正下列局部剖视图中的错误，少的线补上，多的线打"×"。

（1） 　　　　　（2） 　　　　　（3）

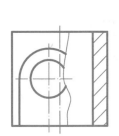

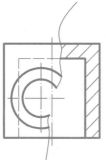

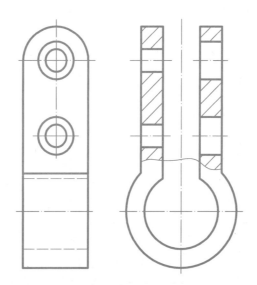

10-8 在主、俯视图上取适当局部剖视图(保留线加深,多的线打"×")。

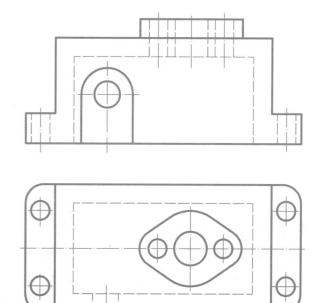

10-9 在指定位置画出 *A*-*A* 的全剖主视图。

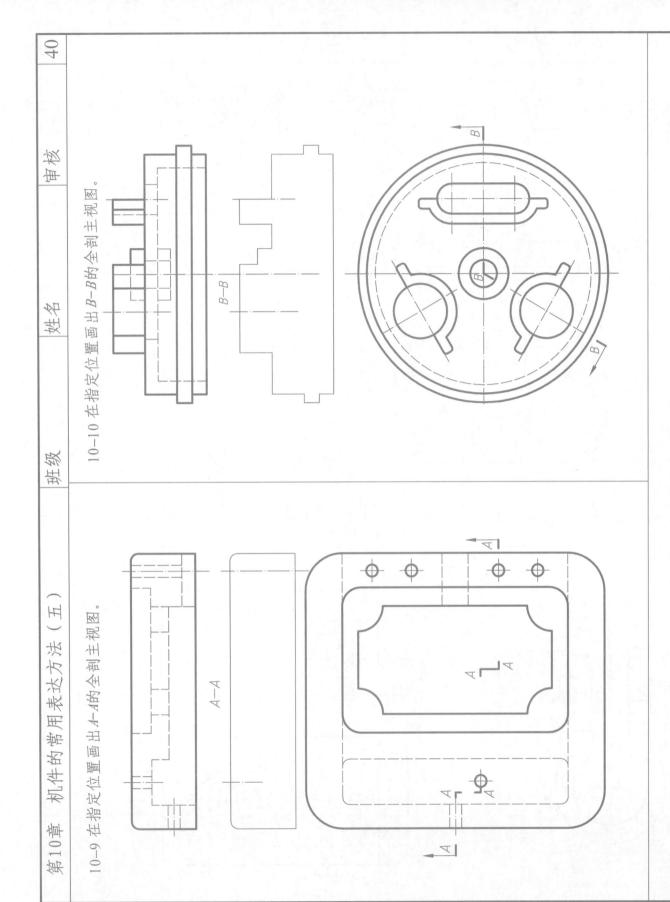

10-10 在指定位置画出 *B*-*B* 的全剖主视图。

10-11 将下图中的主视图画成全剖视图，并将左视图画成全剖视图。

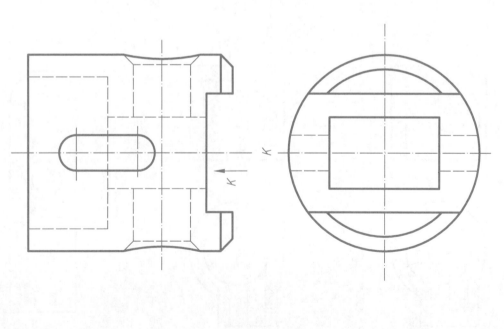

10-12 在指定位置画出全剖视的斜视图。

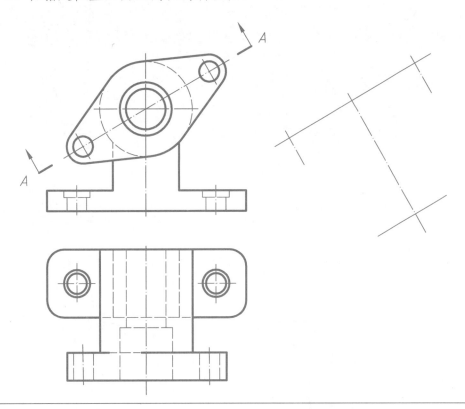

10-13 在指定位置画出用相交两平面剖切的全剖视图。

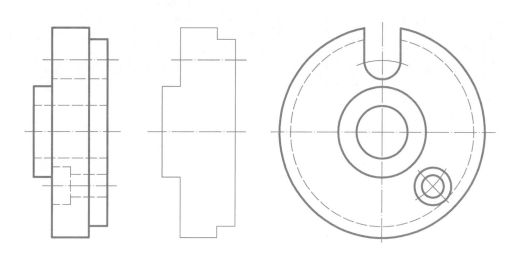

10-14 在指定位置画出用两平行平面剖切的全剖视图。

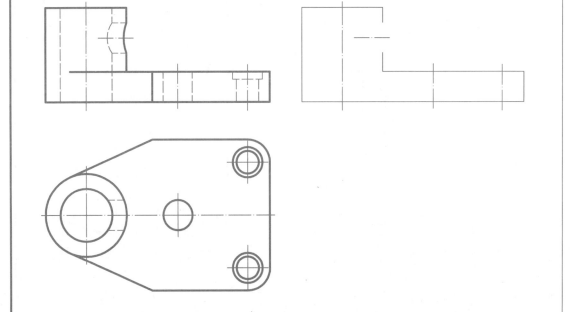

10-15 判断用三个平行平面剖切的全剖视图的正误（在正确的图下打"√"，在错误图中圈出错误之处）。

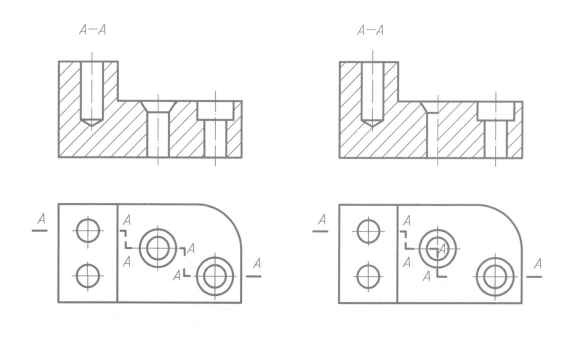

10-16 画出轴上指定位置的断面图（左面键槽深4mm，右面键槽深3mm）。

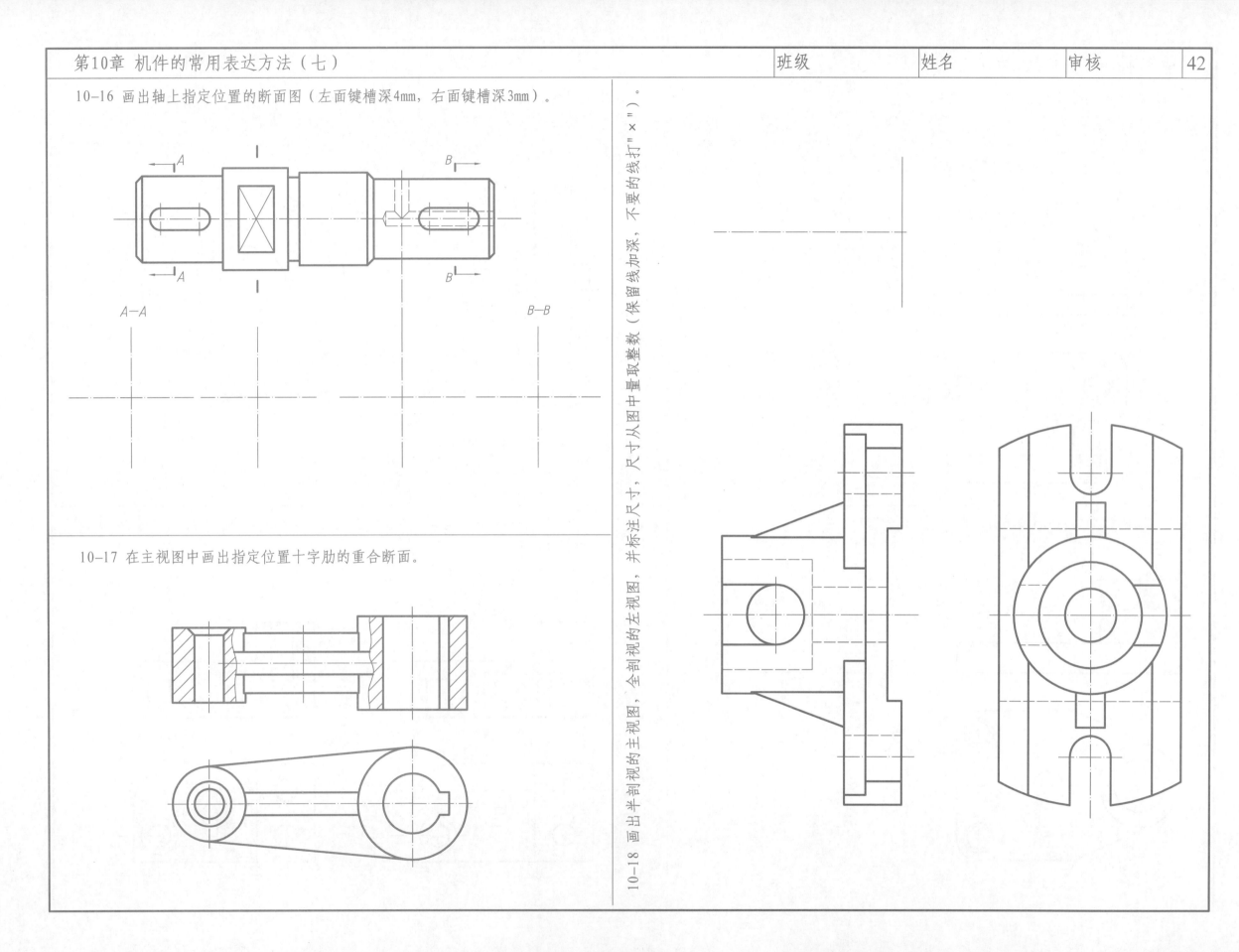

A—A

B—B

10-17 在主视图中画出指定位置十字肋的重合断面。

10-18 画出半剖视的主视图，全剖视的左视图，并标注尺寸，尺寸从图中量取整数（保留线加深，不要的线打"×"）。

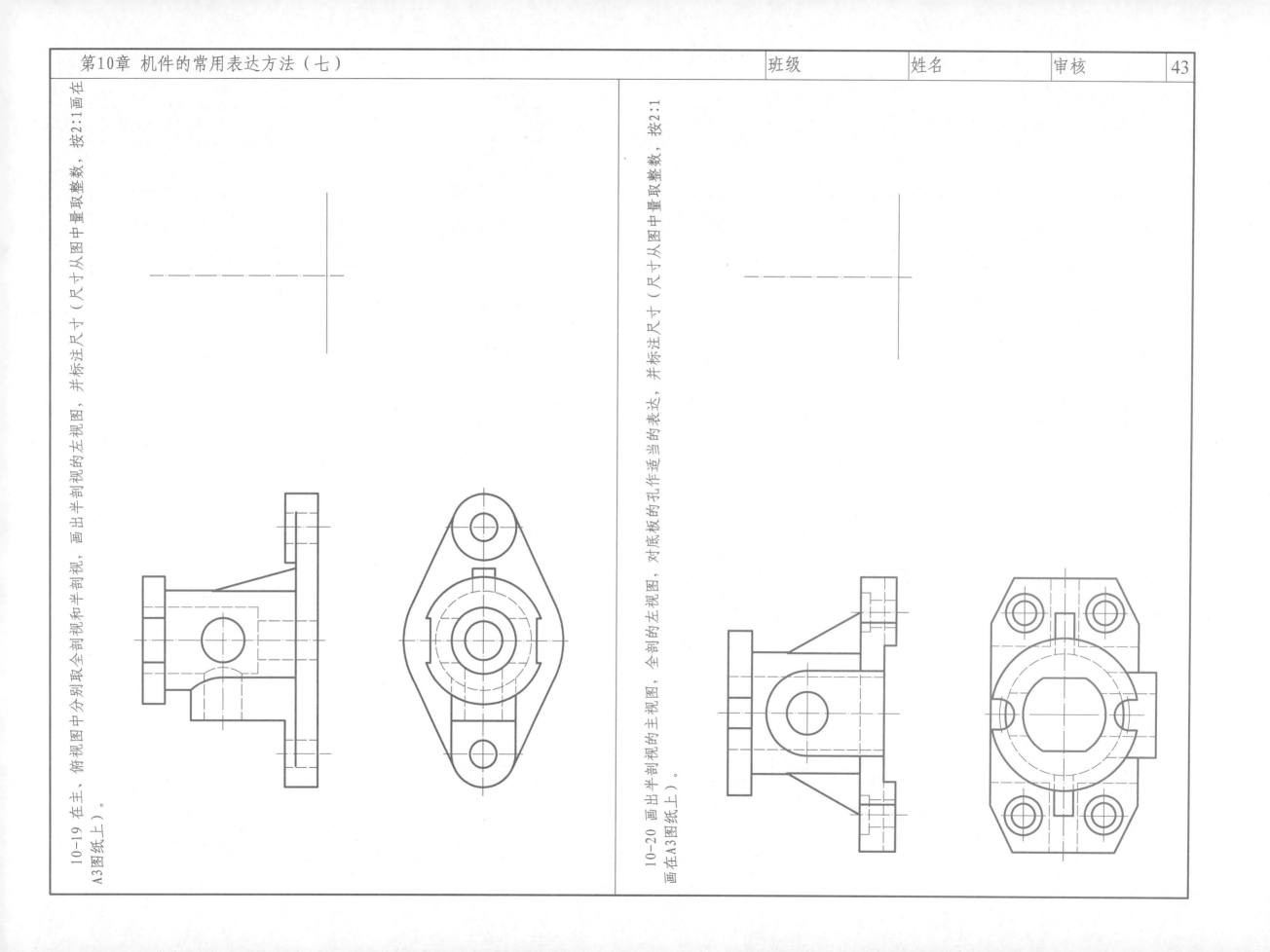

10-19　在主、俯视图中分别取全剖视和半剖视，画出半剖视的左视图，并标注尺寸（尺寸从图中量取整数，按2:1画在A3图纸上）。

10-20　画出半剖视的主视图，全剖的左视图，对底板的孔作适当的表达，并标注尺寸（尺寸从图中量取整数，按2:1画在A3图纸上）。

10-21 综合练习。

（1）补漏线，多的线打"×"。

（2）补漏线，多的线打"×"。

（3）补漏线。

（4）指出局部剖视图中的错误，错的、多的线打"×"。

（5）在正确的剖视图答案处打"√"。

（6）在正确的断面图答案处画"√"。

（7）补全所缺尺寸。

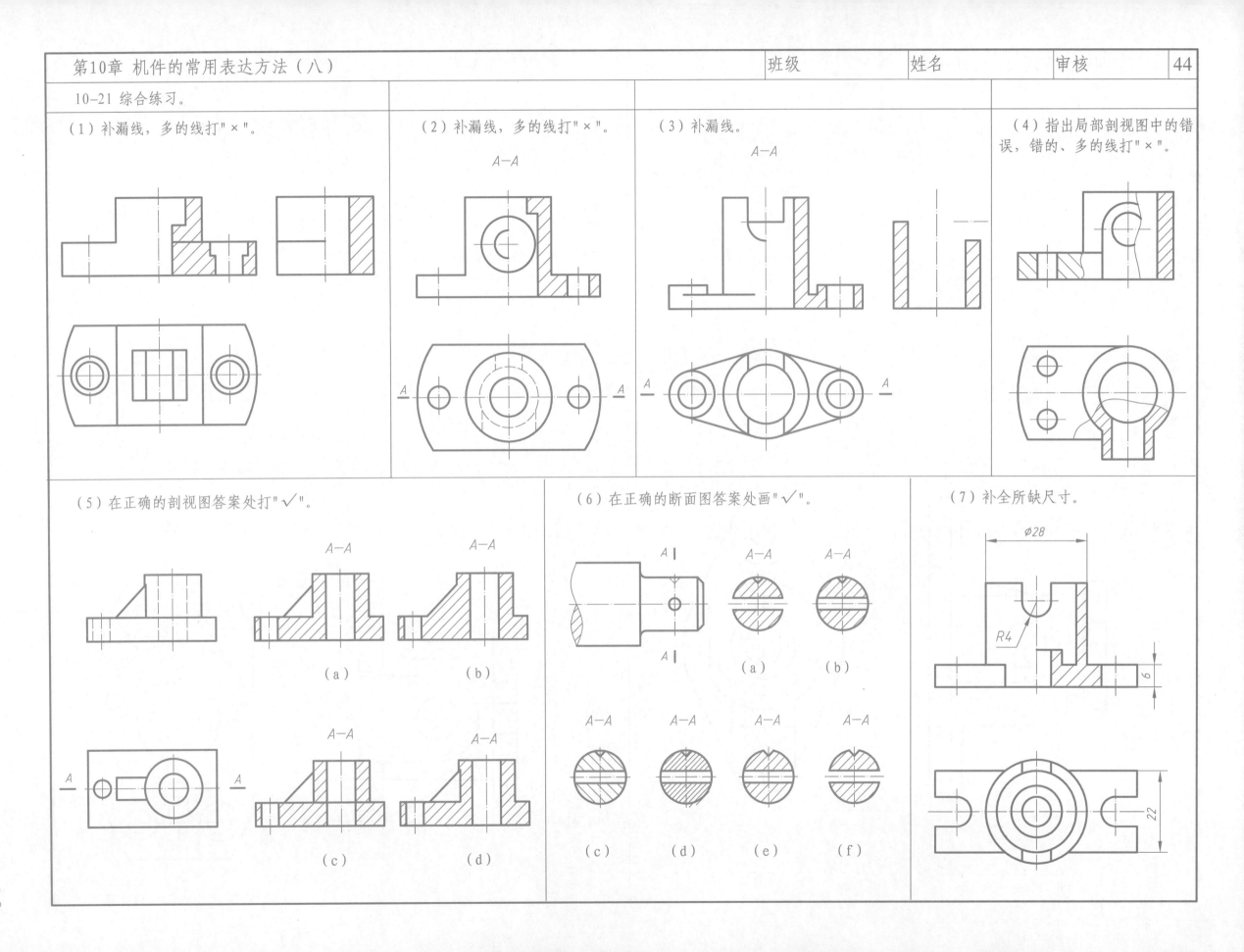

（a） （b）

（c） （d）

（a） （b）

（c） （d） （e） （f）

11-1 参考教材图11-7（a）及图11-8（a），绘制内外螺纹的主左两视图（1：1）。

（1）外螺纹：大径M20,螺纹长30mm, 螺杆长35mm断开。

（2）内螺纹：大径M20,通孔，螺纹长25mm,孔深35mm。

11-2 分析下列螺纹画法中的错误,在指定位置画出正确图形。

（1）

（2）

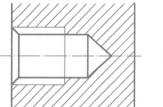

（3）

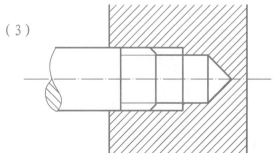

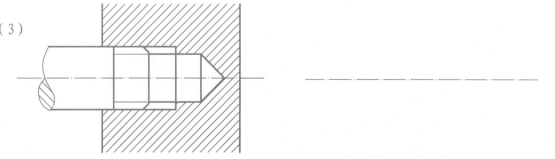

11-3 根据下列给定的要素,在图上标注螺纹的标记或代号。

（1）普通螺纹，公称直径20mm，螺距2.5mm,单线，右旋，中径公差带5g，顶径公差带6g，短旋合长度。

（2）普通螺纹，公称直径16mm，螺距1.5mm，单线，左旋，中径、顶径公差带均为6H。

（3）非螺纹密封的管螺纹，尺寸代号1/2,公差等级为A级，右旋。

（4）梯形螺纹，公称直径16mm,导程8mm，双线，左旋，中径公差带6g，长旋合长度。

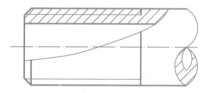

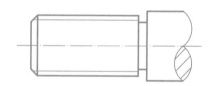

11-4 根据标注的螺纹代号，查表并说明螺纹的各要素。

Tr20x8(P4)LH-7H

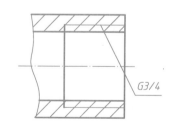

G3/4

该螺纹为_____螺纹;
公称直径_____mm;
螺距_____mm;
线数为_____;
旋向为_____;
螺纹公差带_____。

该螺纹为_____螺纹;
尺寸代号为_____;
大径为_____mm;
小径为_____mm;
螺距为_____mm。

11-5 查表填写下列螺纹紧固件的尺寸，并写出规定标记。

（1）六角头螺栓，A级，GB/T 5782-2000，螺纹规格d= M16，公称长度l=80mm。

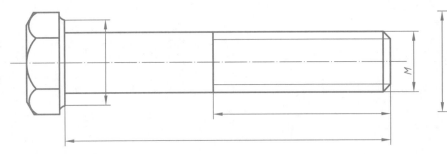 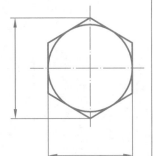

标记 _____

（2）开槽沉头螺钉，GB/T 68-2000 ，螺纹规格d=M10，公称长度l=50mm。

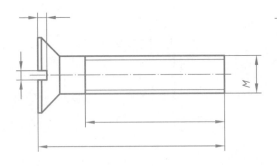 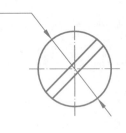

标记 _____

（3）1型六角螺母，A级，GB/T 6170-2000，螺纹规格D=M16。

（4）平垫圈，A级，GB/T 97.1-2002，公称直径16mm。

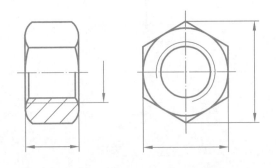 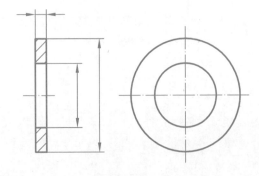

标记 _____   标记 _____

11-6 补全螺纹紧固件的连接图。

（1）

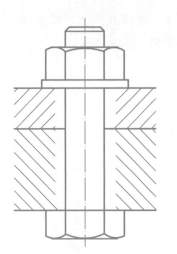

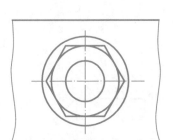

（2）

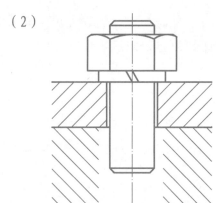

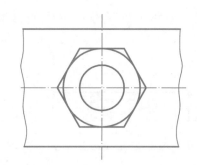

（3）

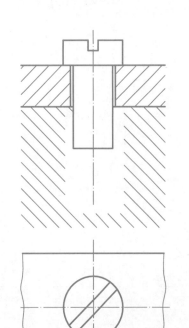

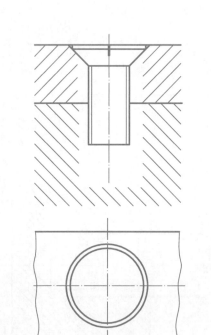

11-7 根据给定的螺纹紧固件，用简化画法画出其连接后的主视图和俯视图（螺纹紧固件的各项尺寸查阅教材中附表）。(1)和（2）比例为1∶1；（3）比例为2∶1.

（1） 螺栓 GB/T5782 M16×80　　　　　　　　（2） 螺柱 GB/T898 M16×40　　　　　　　　　　　（3） 螺钉 GB/T68 M8×30
　　　 螺母 GB/T6170 M16　　　　　　　　　　　　 螺母 GB/T6170 M16
　　　 垫圈 GB/T97.1 16　　　　　　　　　　　　　 垫圈 GB/T97.1 16

11-8　齿轮和轴用A型圆头普通平键连接，孔直径为40mm，键的长度40mm。
（1）写出键的规定标记；
（2）查表确定键和键槽的尺寸，用1:2画全下列各图，并标注键槽的尺寸。

键的规定标记

轴　　　　　　　　　　　　齿轮

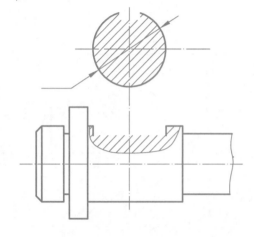

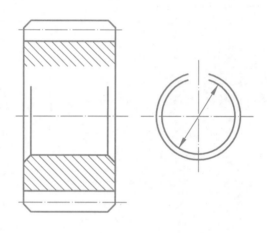

齿轮和轴

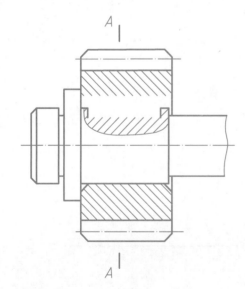

A

A

$A—A$

11-9　完成圆柱销的连接图。
圆柱销的标记为：销 GB/T 119.2　10×50

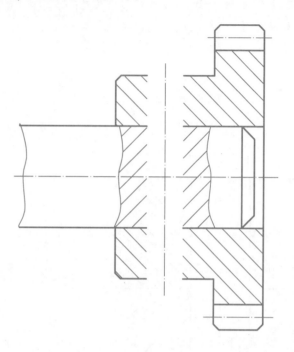

11-10　用1:1的比例画出圆柱螺旋压缩弹簧的剖视图，并标注尺寸。已知弹簧丝直径d=8mm，弹簧外径D=50mm，节距t=12mm，有效圈数n=8，总圈数n_1=10.5，右旋。

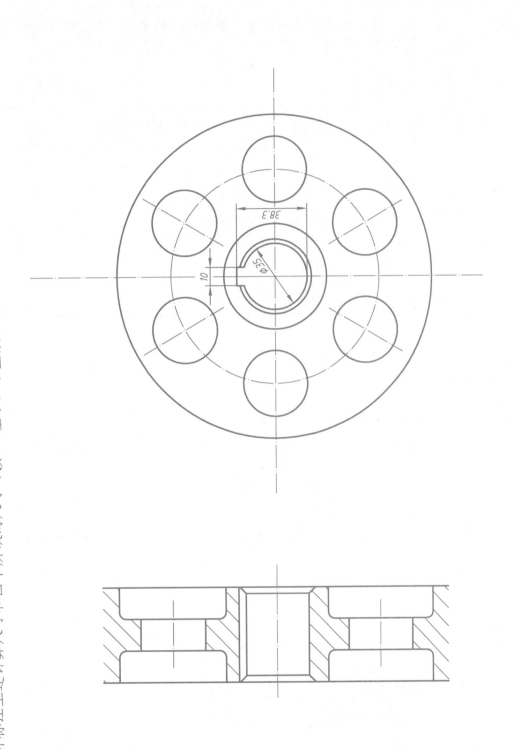

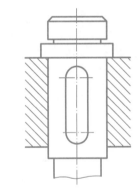
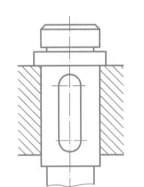
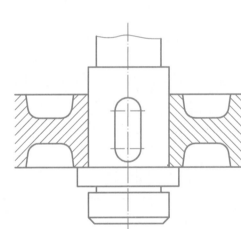
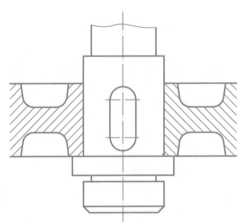

11-11 已知直齿圆柱齿轮m=5，齿数z=40，计算该齿轮的分度圆、齿顶圆和齿根圆的直径。按1:2的比例补全下列两视图，并标注上述计算尺寸和图中所缺的尺寸（按1:2量取，取整数）。

11-12 已知大齿轮的模数m=4，齿数z_2=38，两齿轮的中心距a=116mm，试计算大小两齿轮的分度圆、齿顶圆及齿根圆直径，并用1:2比例画出两直齿圆柱齿轮的啮合图。

计算

1. 小齿轮

分度圆d_1=

齿顶圆d_{a1}=

齿根圆d_{f1}=

2. 大齿轮

分度圆d_2=

齿顶圆d_{a2}=

齿根圆d_{f2}=

3. 传动比

i=

12-1 表面粗糙度。

（1）根据图中给出粗糙度的代号，试说明这些代号的含义。

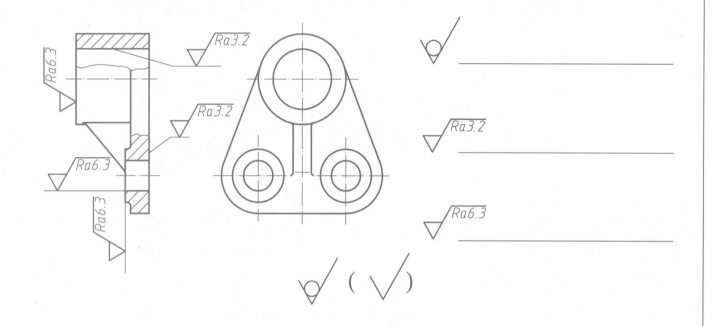

（2）指出图中表面粗糙度的错误标注，并在右图上进行正确的标注。

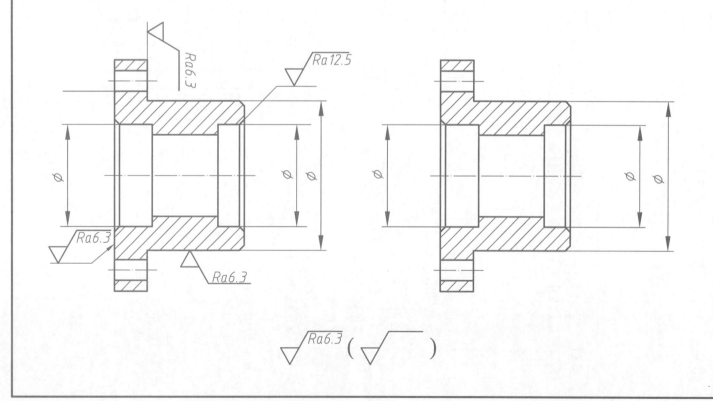

（3）按照表中对给定表面粗糙度的要求，在图中标注相应的表面粗糙度代号。

表面代号	表面粗糙度要求
A	用去除材料方法获得的表面，Ra的最大允许值为1.6μm
B	用去除材料方法获得的表面，Ra的最大允许值为3.2μm
C	用去除材料方法获得的表面，Ra的最大允许值为12.5μm
其它表面用不去除材料方法获得	

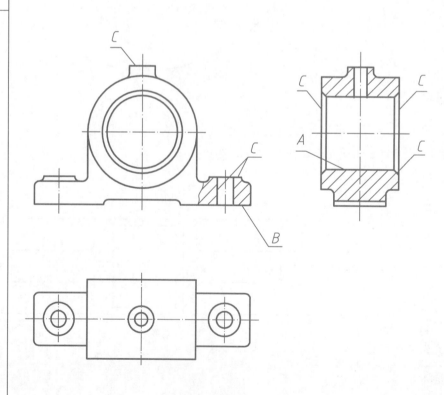

12-2 极限与配合。

（1）读懂图中给定的极限与配合，填写表中各项数值，并填空回答问题。

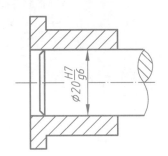  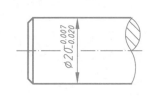

尺寸名称	数值/mm	
	孔	轴
基 本 尺 寸		
最大极限尺寸		
最小极限尺寸		
上 偏 差		
下 偏 差		

装配尺寸 $\phi 20\frac{H7}{g6}$ 属于_____配合制度，轴与孔的基本尺寸为_____，孔与轴属于_____配合，轴的公差等级为____，孔的公差等级为____，轴的基本偏差为____。

（3）下列图中轴与孔的配合制度为基孔制，过渡配合，孔的公差等级为IT7级，轴的公差等级为IT6级，轴的基本偏差为k，试将其配合代号标注在装配图中，并在零件图中分别标注出孔与轴的公差带代号及其极限偏差数值（查表），在指定位置绘制出公差带图。

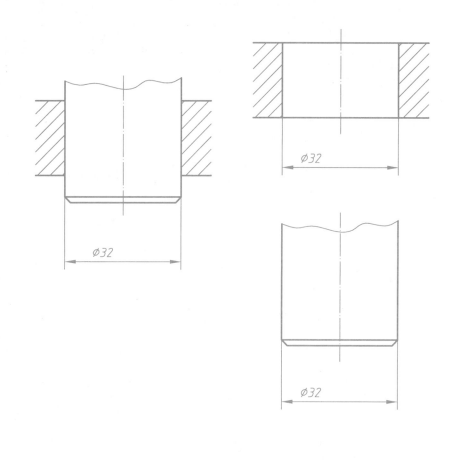

（2）根据配合代号，在零件图上分别标注出轴和孔的极限偏差值。

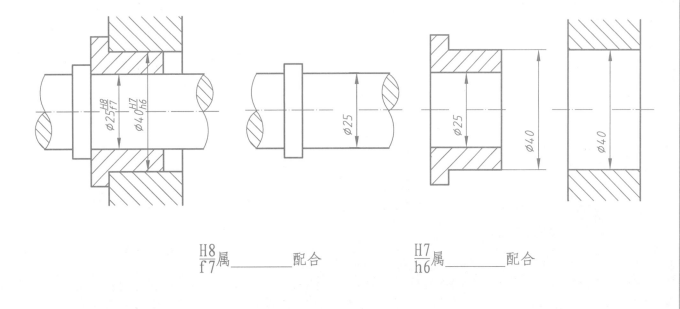

$\frac{H8}{f7}$属_____配合 $\frac{H7}{h6}$属_____配合

公差带图

12-3　读懂拨叉零件图，并回答问题。

1. 零件使用什么材料制造？
2. 指出经过机械加工的面。
3. 主视图和左视图各采用了什么表达方法？
4. 用字母D、E、F和指引线标明长、宽、高三个方向主要尺寸基准。
5. 试说明图中标注的M10×1-6H的含义。其中M、10、1、6H各表示什么？
6. 写出φ19H9孔的表面粗糙度代号。
7. 在指定位置绘制出C—C断面图。

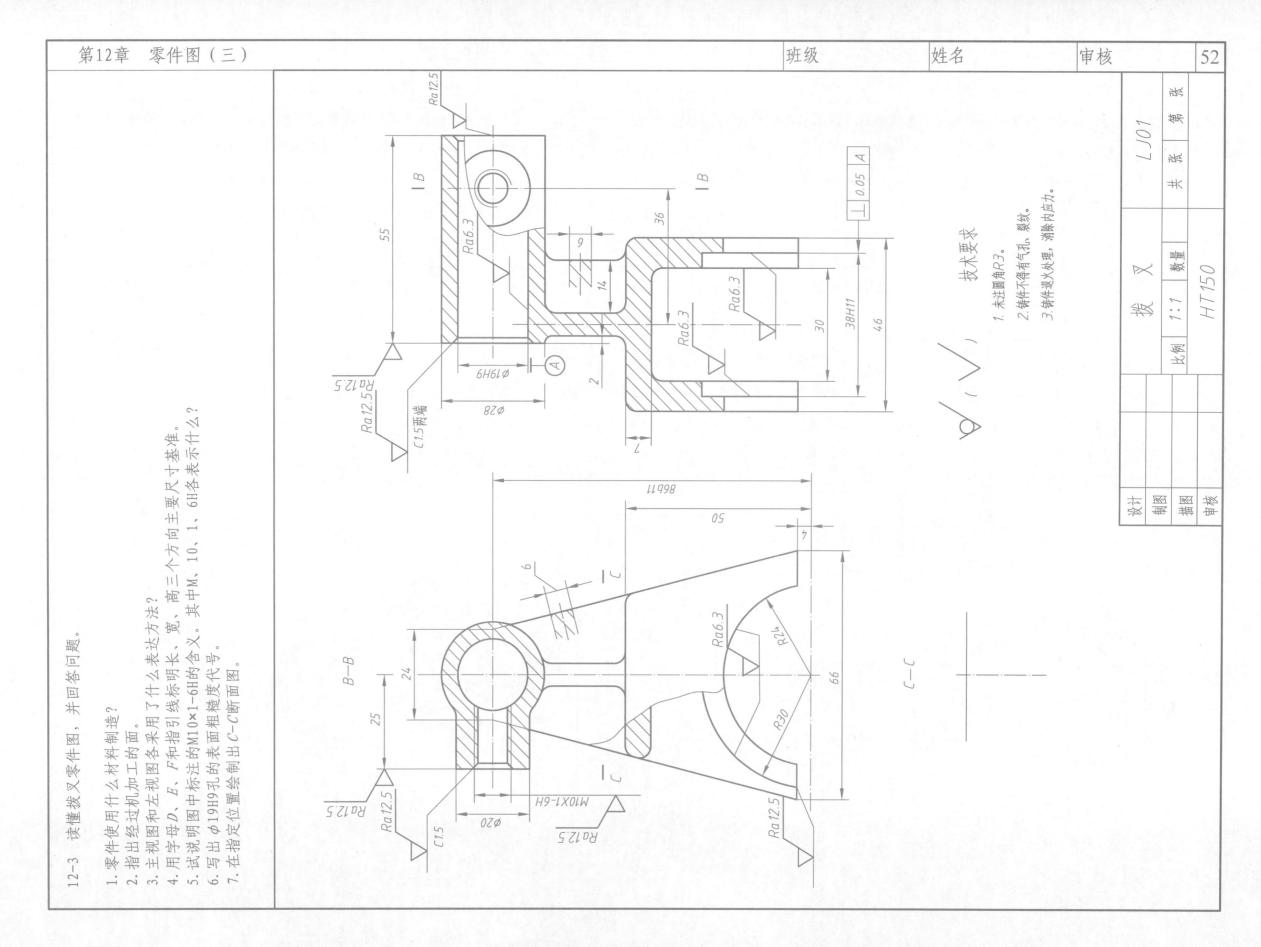

技术要求
1. 未注圆角R3。
2. 铸件不得有气孔、裂纹。
3. 铸件退火处理，消除内应力。

拨　叉		LJ01
	数量	共　张　第　张
比例 1:1		HT150
设计		
制图		
描图		
审核		

12-4 读懂壳体零件图，并回答问题。

1. 该零件属于_____类零件，所用材料为_____。

2. 零件图都采用了哪些表达方式？

3. 直径为 $\phi36$ 的孔的定位尺寸为_____。

4. 零件的表面粗糙度的要求有_____。

5. $\phi62H8$ 孔的最大极限尺寸是____，最小极限尺寸是____。当该孔的实际尺寸是 $\phi62.05$ 时，该零件是否合格。

6. 标在右端面上的形位公差表示的被测要素是_____，基准要素是_____，公差值是_____。

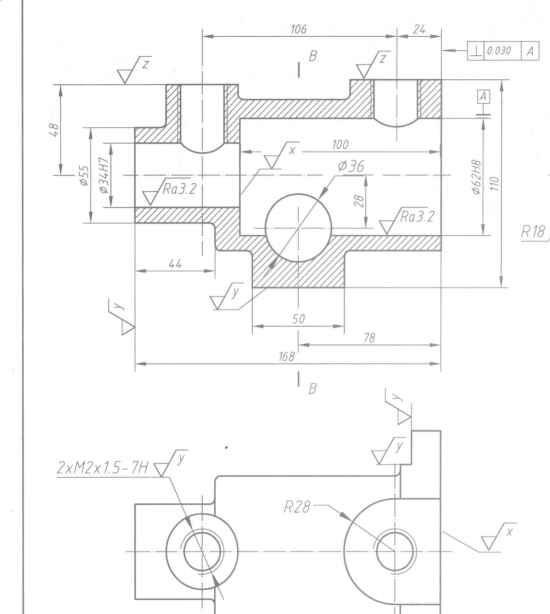

B—B

其余 √

技术要求

1. 铸件必须经时效处理，不得有气孔、砂眼、裂纹等。

2. 未注圆角R3。

$$\sqrt{x} = \sqrt{Ra3.2} \qquad \sqrt{y} = \sqrt{Ra12.5}$$

$$\sqrt{z} = \sqrt{Ra25}$$

设计		壳 体	LJ02
制图			
描图		比例 1:1 ｜数量	共 张 第 张
审核		HT200	

12-5 根据给出的零件轴测图，绘制零件草图或零件工作图（按1：1比例，A3图幅，图号LJ03、LJ04）。

（1）

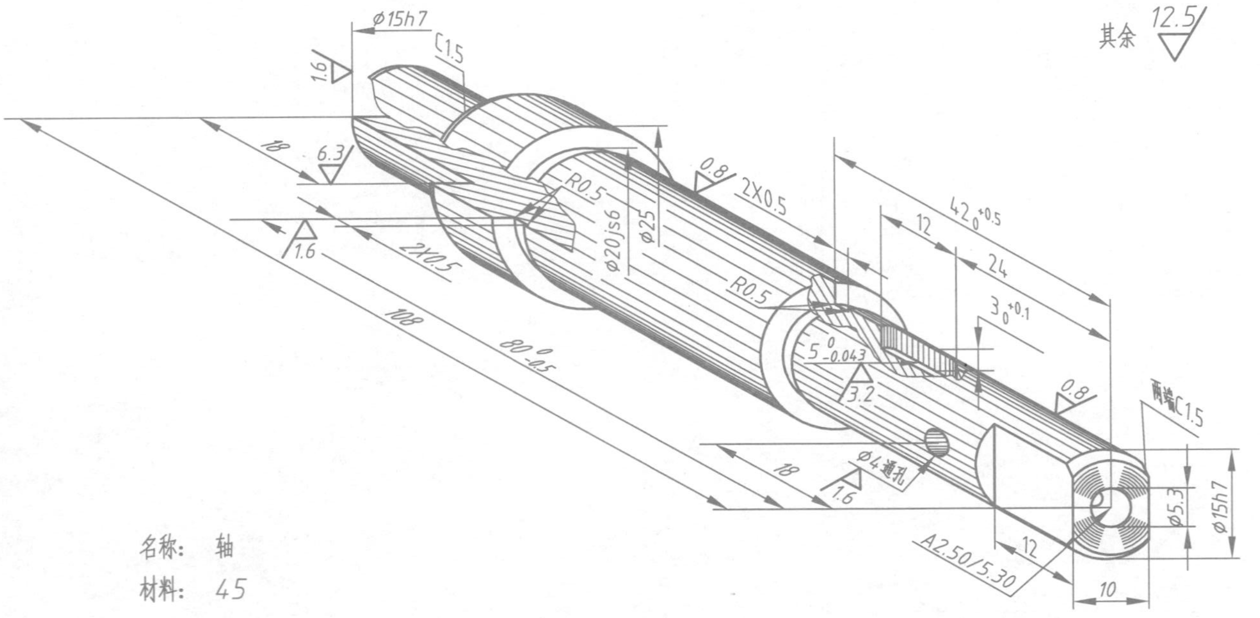

其余 12.5

名称：轴
材料：45

（2）

其余 12.5

B
1:2

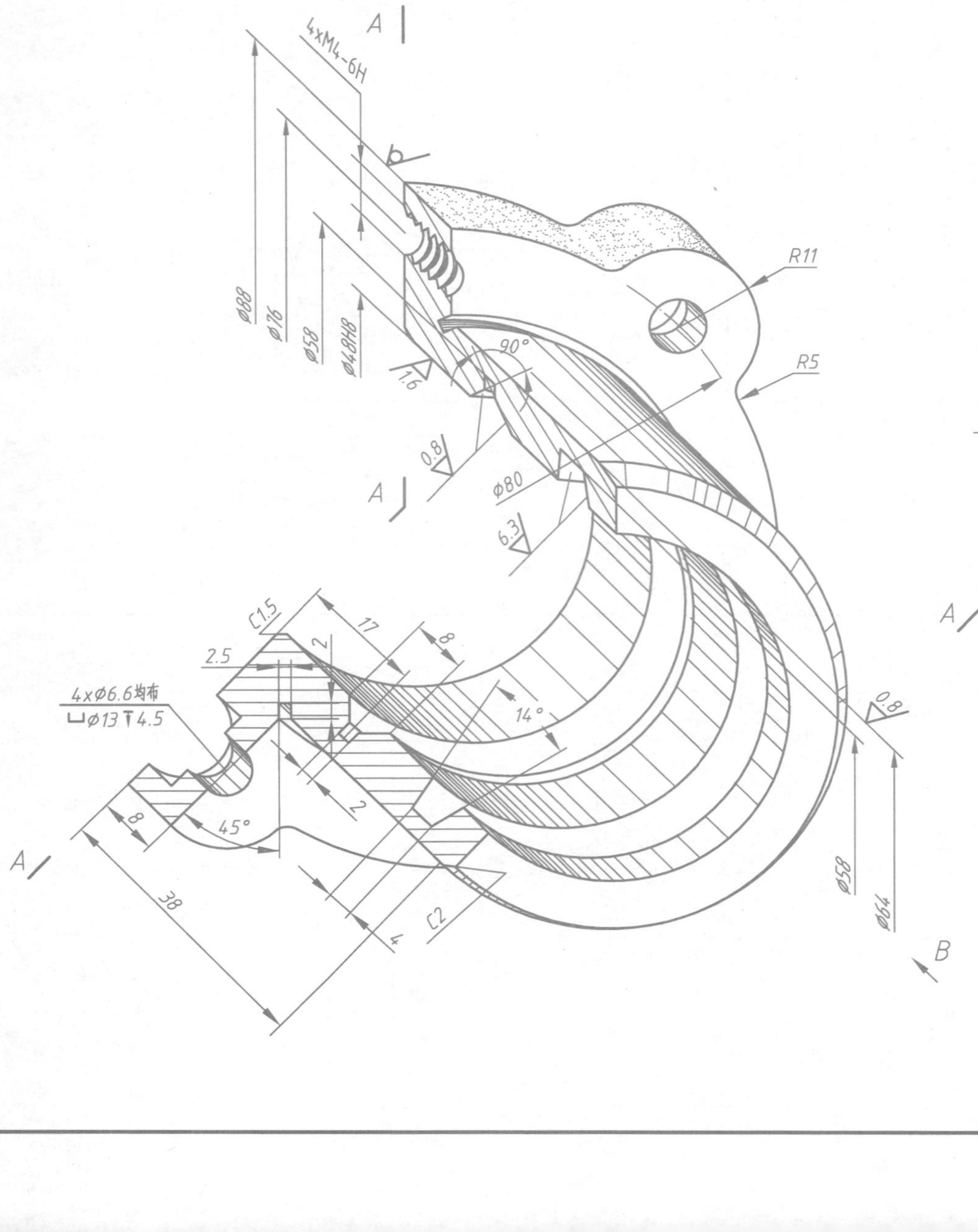

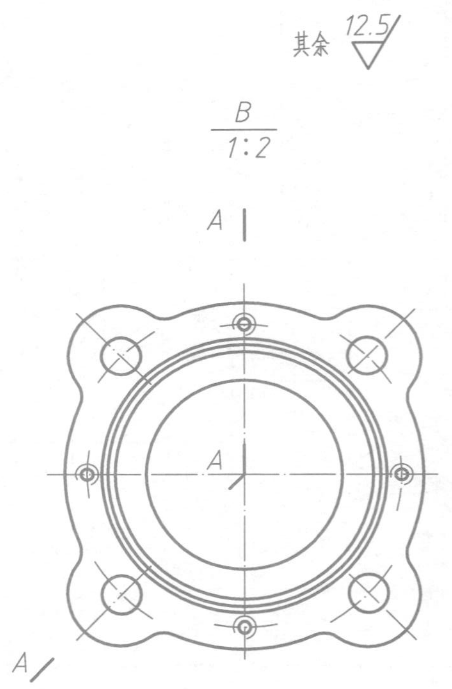

名称：端盖
材料：45

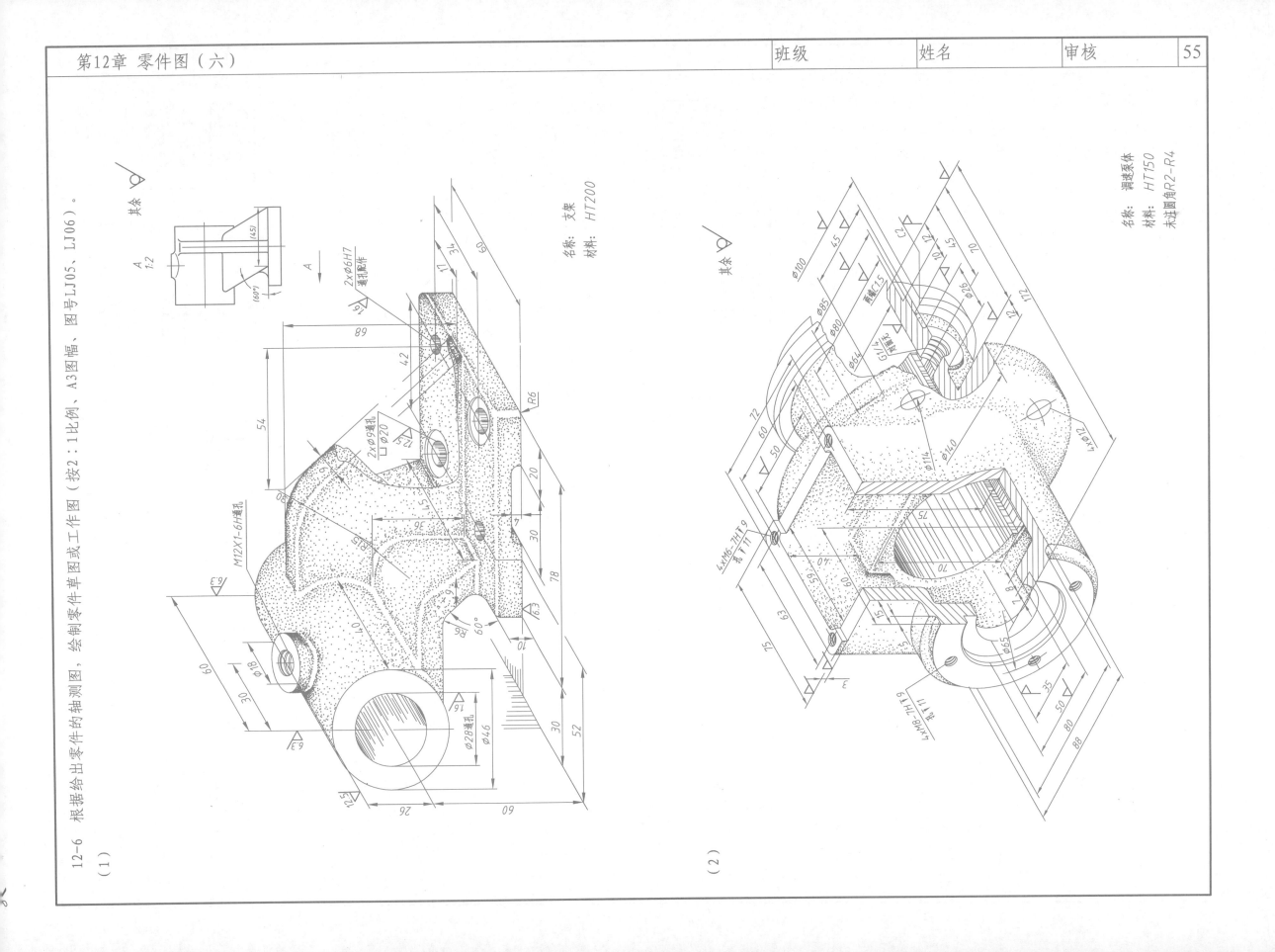

12-6 根据给出零件的轴测图，绘制零件草图或工作图（按2：1比例、A3图幅、图号LJ05、LJ06）。

（1）

（2）

名称：支架
材料：HT200

名称：调速泵体
材料：HT150
未注圆角R2-R4

其余 ∀

A
1:2

13-1　拼画联轴器装配图。

根据装配示意图将给出的联轴器零件组装在一起，按1：1从图中量取尺寸并在指定位置画出联轴器装配图。

联轴器中的标准件在图中没有画出，其参数见标准件明细栏，具体尺寸需查表确定并按适当比例画出。

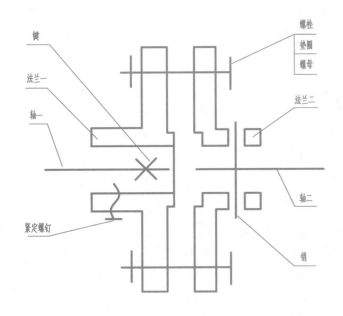

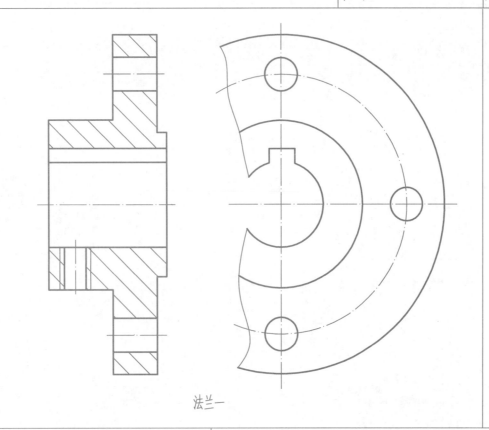

法兰一

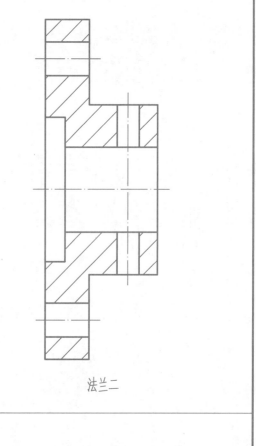

法兰二

标准件明细栏

序号	代号	名称	数量
1	GB/T119.1	销　10x90	1
2	GB/T5782	螺栓　M16x70	4
3	GB/T93	垫圈　16	4
4	GB/T6170	螺母　M16	4
5	GB/T1095	键　14x50	1
6	GB/T71	紧定螺钉 M10x25	1

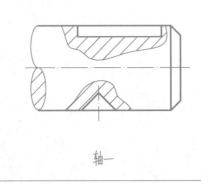

轴一

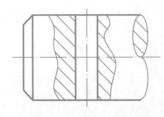

轴二

联轴器装配图

13-2 根据零件图和装配示意图用A2图纸按1:1拼画手压阀装配图。

其余 √

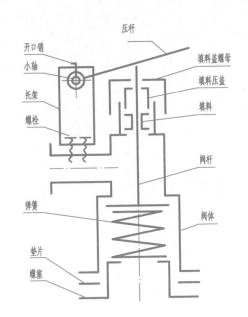

压杆
开口销
小轴
托架
螺栓
填料盖螺母
填料压盖
填料
阀杆
弹簧
阀体
垫片
螺塞

手压阀工作原理：

　　在管路系统中，手压阀是用来控制管路导通或截止的装置。当压杆在外力的作用下使阀杆向下移动时，弹簧被压缩，阀体内部的空腔导通，管路中的流体就可以流动；当外力撤除后，弹簧又把阀杆顶起并封堵阀体内腔的通路，截止流体的流动。如此往复循环起到使管路的导通和截止的作用。

标准件明细栏

名　称	数量	材料	备　注
圆柱销	1	35	GB/T119.2-2000
螺栓	4	35	GB/T5783-2000
开口销	2	Q215-A	GB/T91-2000

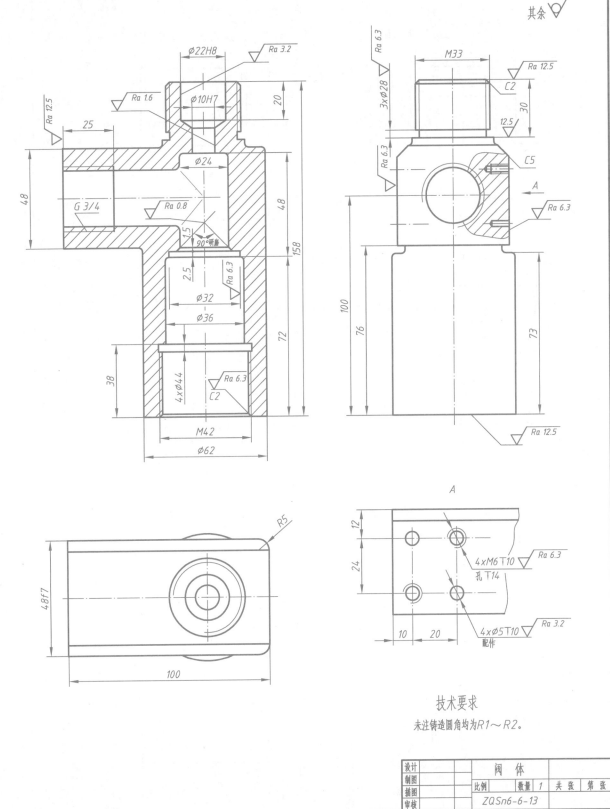

阀 体

比例　　数量 1　共 张　第 张

ZQSn6-6-13

技术要求

未注铸造圆角均为R1～R2。

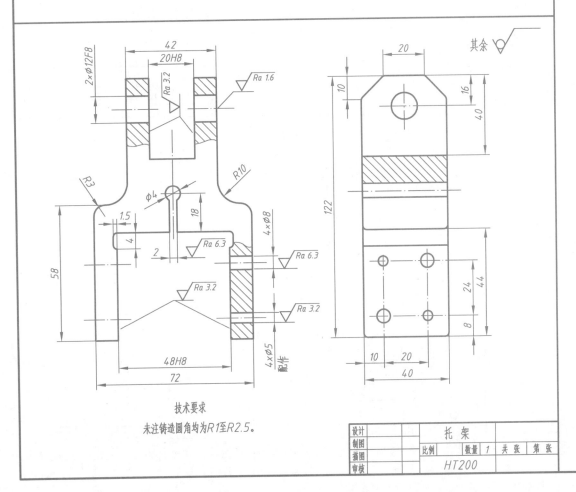

其余 √

技术要求

未注铸造圆角均为R1至R2.5。

托 架

比例　　数量 1　共 张　第 张

HT200

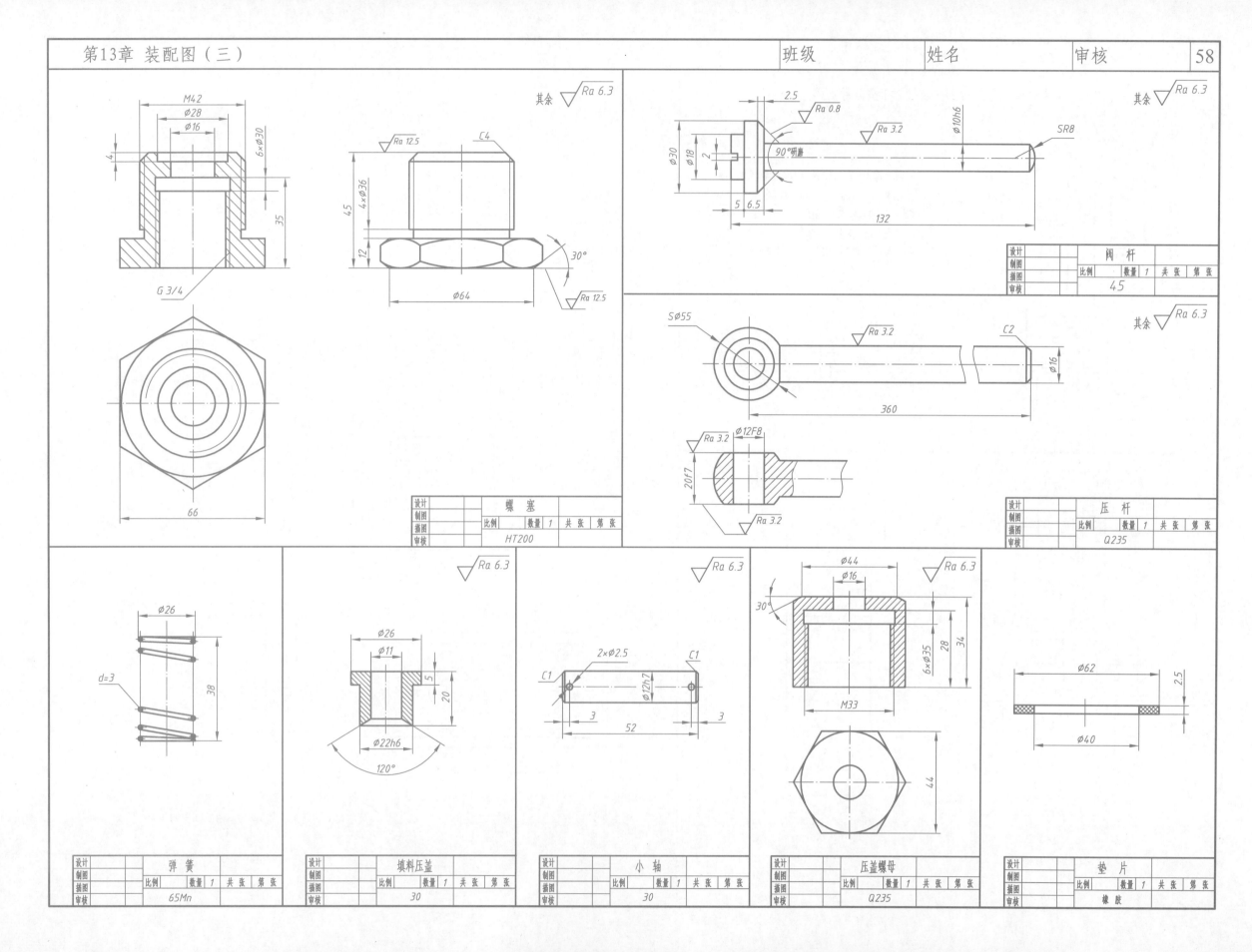

其余 √Ra 6.3

M42
Ø28
Ø16
4
6×Ø30
35
G 3/4

√Ra 12.5　　　C4
45
4×Ø36
12
30°
Ø64
√Ra 12.5

66

设计		螺塞			
制图		比例		数量	1	共 张 第 张
描图					
审核		HT200			

2.5　√Ra 0.8
√Ra 3.2　Ø10h6　SR8
Ø30
Ø18
2
90°研磨
5　6.5
132

其余 √Ra 6.3

设计		阀 杆			
制图		比例		数量	1	共 张 第 张
描图					
审核		45			

SØ55　√Ra 3.2　C2
Ø16
360

√Ra 3.2　Ø12F8
20F7
√Ra 3.2

其余 √Ra 6.3

设计		压 杆			
制图		比例		数量	1	共 张 第 张
描图					
审核		Q235			

√Ra 6.3
Ø26
d=3
38

设计		弹 簧			
制图		比例		数量	1	共 张 第 张
描图					
审核		65Mn			

√Ra 6.3
Ø26
Ø11
5
20
Ø22h6
120°

设计		填料压盖			
制图		比例		数量	1	共 张 第 张
描图					
审核		30			

√Ra 6.3
2×Ø2.5　C1
C1　Ø12h7
3　52　3

设计		小 轴			
制图		比例		数量	1	共 张 第 张
描图					
审核		30			

Ø44　√Ra 6.3
Ø16
30°
6×Ø35
28
34
M33
44

设计		压盖螺母			
制图		比例		数量	1	共 张 第 张
描图					
审核		Q235			

Ø62　2.5
Ø40

设计		垫 片			
制图		比例		数量	1	共 张 第 张
描图					
审核		橡 胶			

13-3 根据零件图和装配示意图用A2图纸拼画铣刀头装配图。

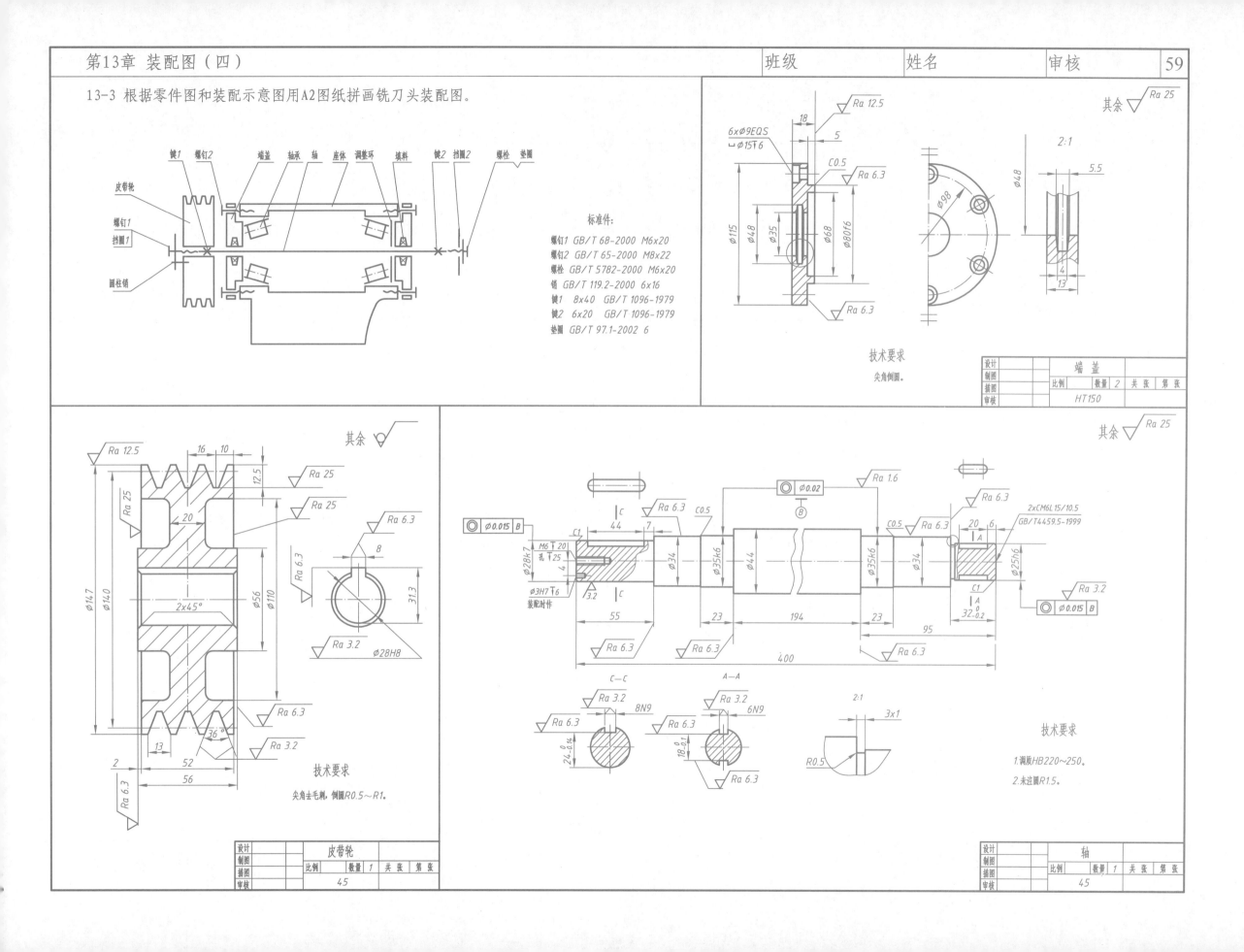

标准件：

螺钉1 GB/T 68-2000 M6x20
螺钉2 GB/T 65-2000 M8x22
螺栓 GB/T 5782-2000 M6x20
销 GB/T 119.2-2000 6x16
键1 8x40 GB/T 1096-1979
键2 6x20 GB/T 1096-1979
垫圈 GB/T 97.1-2002 6

技术要求

尖角倒圆。

端盖

HT150

皮带轮

技术要求

尖角去毛刺，倒圆R0.5～R1。

轴

技术要求

1.调质HB220～250。

2.未注圆R1.5。

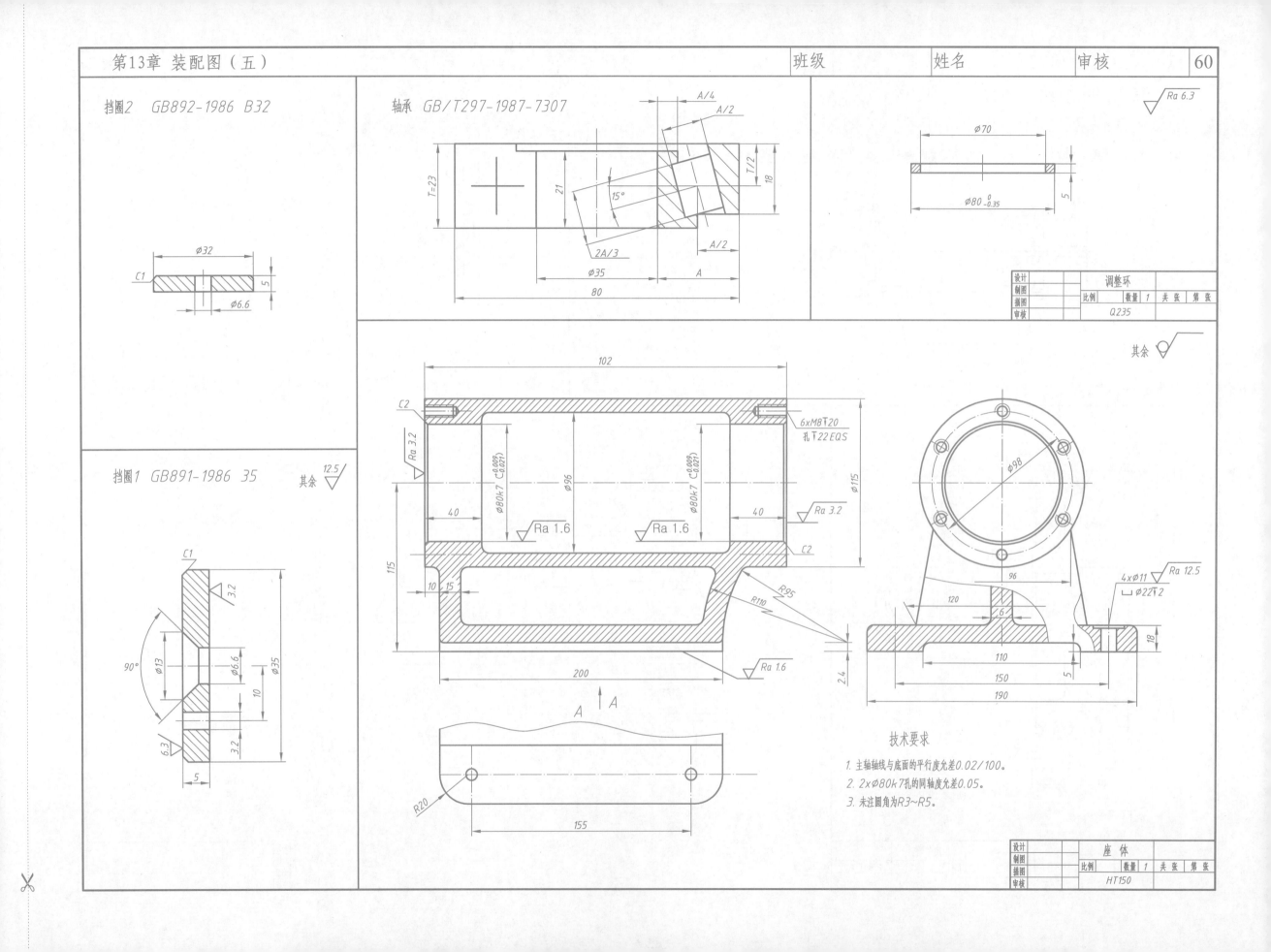

挡圈2　GB892-1986 B32

轴承　GB/T297-1987-7307

调整环

Q235

挡圈1　GB891-1986 35

技术要求

1. 主轴轴线与底面的平行度允差0.02/100。
2. 2x∅80k7孔的同轴度允差0.05。
3. 未注圆角为R3~R5。

座体

HT150

13-4 根据装配示意图和零件图拼画齿轮油泵的装配图。所用标准件的详细结构尺寸需查表确定。图幅：A2；比例：1:1。

齿轮油泵工作原理：

齿轮油泵为液压系统中的一种能量转换装置。是机器中润滑、冷却和液压系统中获得高压油的主要设备。它是由主动轴带动齿轮啮合，使从动轴随动，于是在两齿轮右侧泵体入口处形成真空，将低压油吸入泵体内，储于齿轮的轮齿中间，随着齿轮的转动，将油不断输送到泵体左侧出口处排出到油路系统中。当油路系统中发生阻塞，出口的油压增高，将容易造成油路系统设备或油泵体的损坏，为防止事故，在泵盖上设有安全阀装置，正常运行时，钢球被弹簧压紧将封闭通道。当油压超过弹簧的额定压力时，钢球被顶开，使出口处的油经安全阀流出并返回到入口处，形成了油在泵体内部的循环，从而起到了安全保护作用。

注意事项：

1. 齿轮两端面应与泵体、泵盖相接处，之间只画一条线；

2. 垫片很薄，应用夸大画法画出；

3. 填料压盖压紧填料时，进入泵体约10mm左右为宜。

标准件列表

键	GB/T1096 6x14	圆柱销	GB/T119.2 A5x20
螺栓	GB/T5783 M6x20	钢球	GB/T308 1/2″
垫圈	GB/T97.1 6		

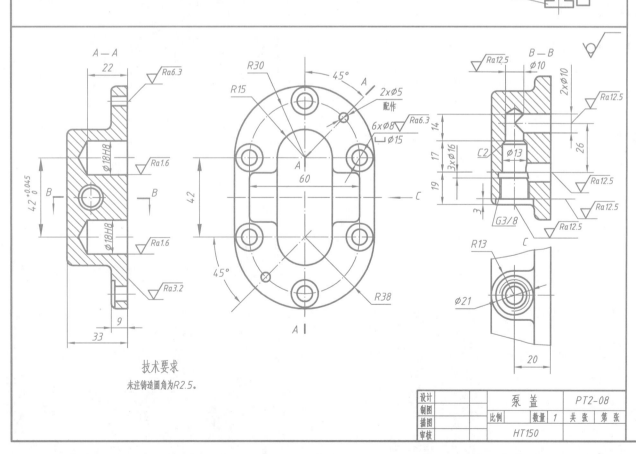

技术要求

未注铸造圆角为R2.5。

设计		泵 盖	PT2-08
制图			
描图	比例	数量 1	共 张 第 张
审核		HT150	

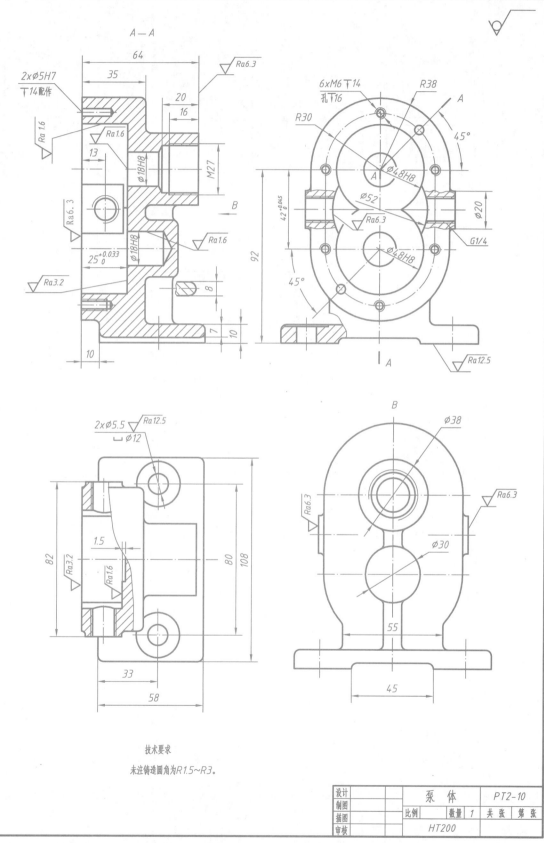

技术要求

未注铸造圆角为R1.5~R3。

设计		泵 体	PT2-10
制图			
描图	比例	数量 1	共 张 第 张
审核		HT200	

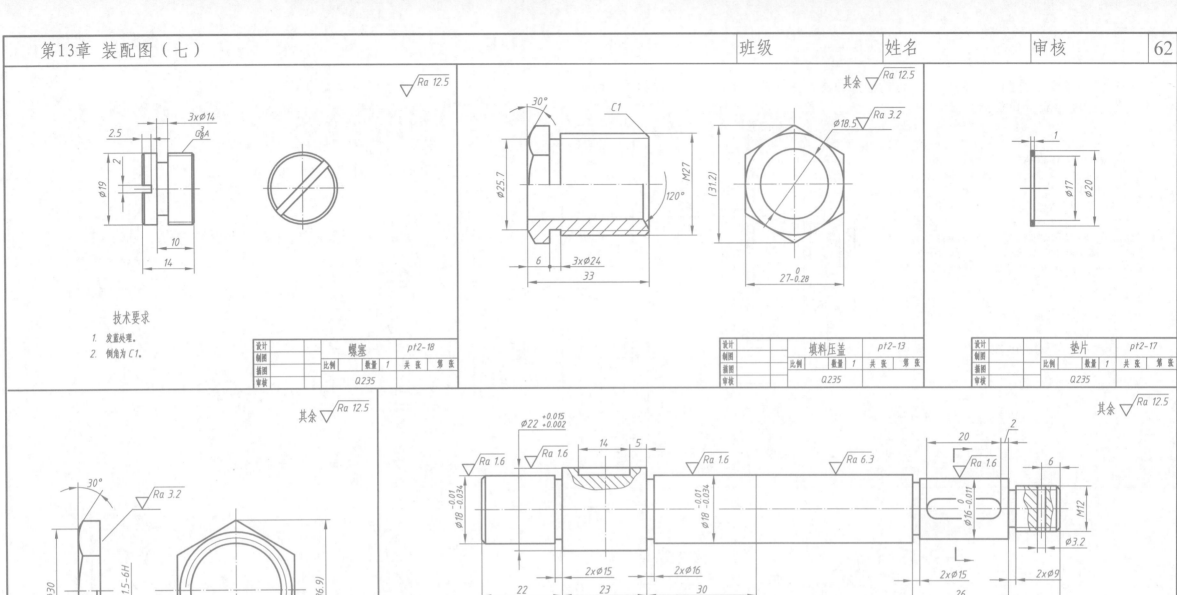

技术要求

1. 发蓝处理。
2. 倒角为 C1。

设计		螺塞	pt2-18
制图			
插图		比例	数量 1	共 张	第 张
审核			Q235

其余 ▽ Ra 12.5

设计		填料压盖	pt2-13
制图			
插图		比例	数量 1	共 张	第 张
审核			Q235

设计		垫片	pt2-17
制图			
插图		比例	数量 1	共 张	第 张
审核			Q235

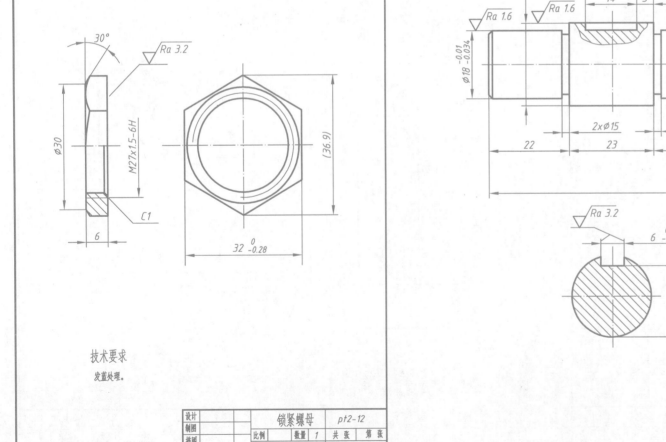

其余 ▽ Ra 12.5

技术要求

发蓝处理。

设计		锁紧螺母	pt2-12
制图			
插图		比例	数量 1	共 张	第 张
审核			Q235

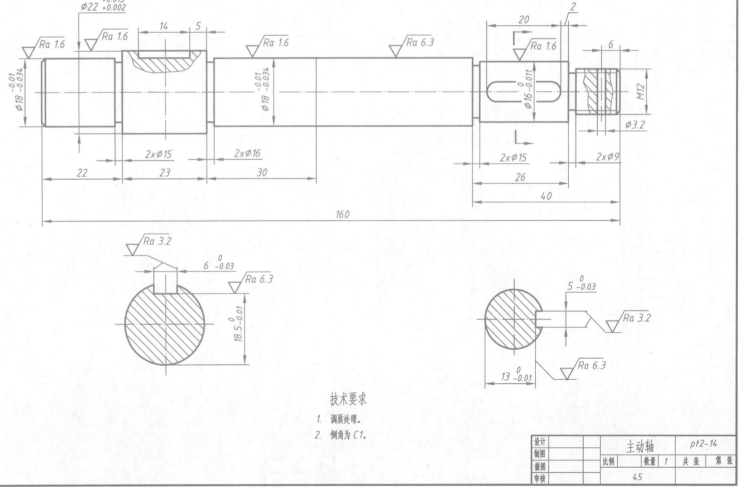

其余 ▽ Ra 12.5

技术要求

1. 调质处理。
2. 倒角为 C1。

设计		主动轴	pt2-14
制图			
插图		比例	数量 1	共 张	第 张
审核			45

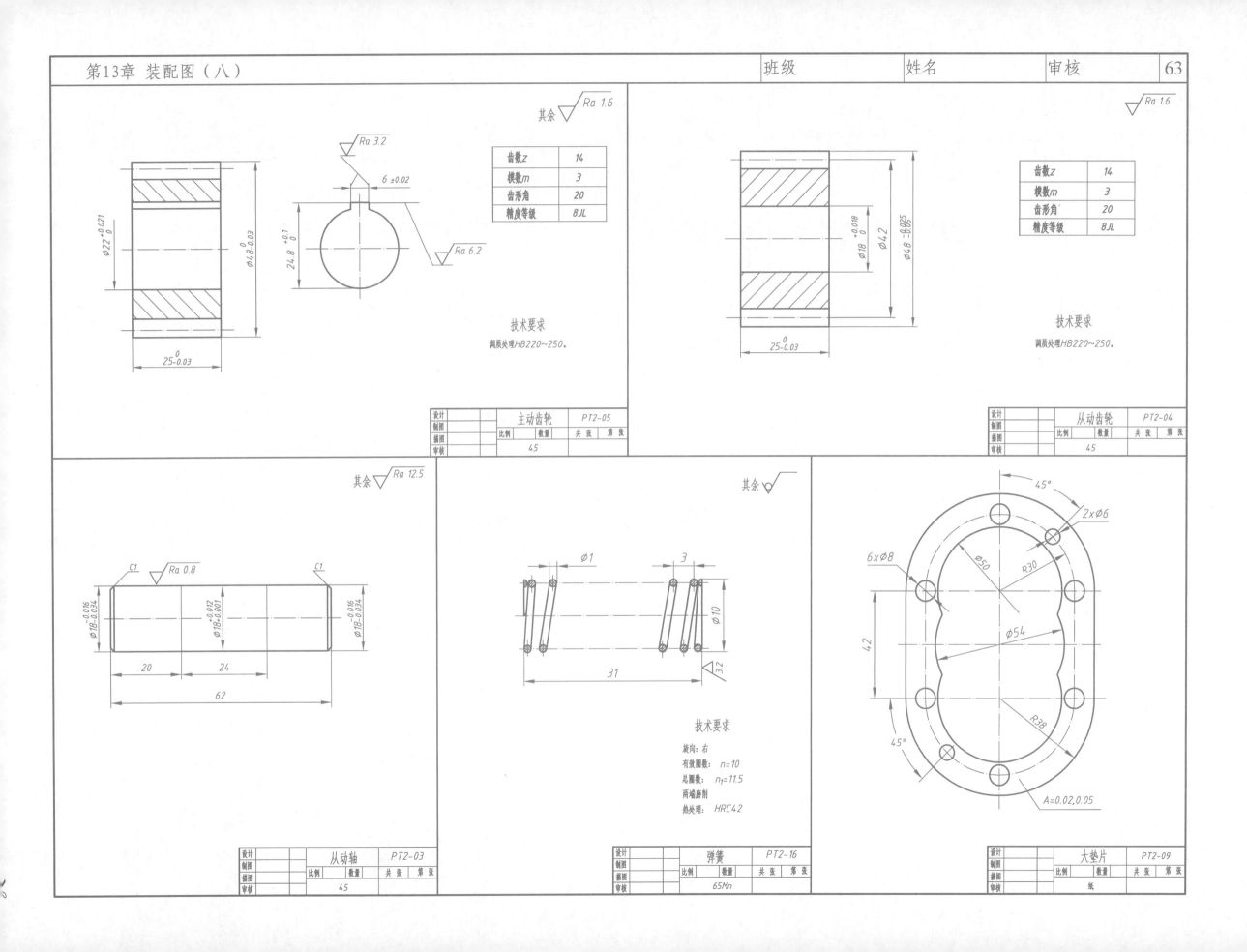

其余 $\sqrt{Ra\ 1.6}$

$\sqrt{Ra\ 3.2}$

$6\ \pm0.02$

$\sqrt{Ra\ 6.2}$

$\varnothing22^{+0.021}_{0}$

$\varnothing48^{0}_{-0.03}$

$24.8^{+0.1}_{0}$

$25^{0}_{-0.03}$

齿数 Z	14
模数 m	3
齿形角	20
精度等级	8JL

技术要求

调质处理HB220~250。

设计		主动齿轮	PT2-05
制图			
描图		比例　数量	共 张　第 张
审核		45	

$\sqrt{Ra\ 1.6}$

$\varnothing18^{+0.018}_{0}$

$\varnothing42$

$\varnothing48^{0}_{-0.025}$

$25^{0}_{-0.03}$

齿数 Z	14
模数 m	3
齿形角	20
精度等级	8JL

技术要求

调质处理HB220~250。

设计		从动齿轮	PT2-04
制图			
描图		比例　数量	共 张　第 张
审核		45	

其余 $\sqrt{Ra\ 12.5}$

$C1$　$\sqrt{Ra\ 0.8}$　$C1$

$\varnothing18^{-0.016}_{-0.034}$

$\varnothing18^{+0.012}_{-0.001}$

$\varnothing18^{-0.016}_{-0.034}$

20　24

62

设计		从动轴	PT2-03
制图			
描图		比例　数量	共 张　第 张
审核		45	

其余 $\sqrt{}$

$\varnothing1$　3

$\varnothing10$

31　$\sqrt{3.2}$

技术要求

旋向：右

有效圈数：$n=10$

总圈数：$n_1=11.5$

两端磨削

热处理：HRC42

设计		弹簧	PT2-16
制图			
描图		比例　数量	共 张　第 张
审核		65Mn	

$45°$

$2\times\varnothing6$

$6\times\varnothing8$

$\varnothing50$

$R30$

$\varnothing54$

42

$R38$

$45°$

$A=0.02,0.05$

设计		大垫片	PT2-09
制图			
描图		比例　数量	共 张　第 张
审核		纸	

13-5 读懂装配图回答问题，并拆画钳座8、活动钳体4、套螺母5的零件图。

工作原理：平口钳用于装卡被加工的零件。使用时将固定钳体8安装在工作台上，旋转丝杠10推动套螺母5及活动钳体4作直线往复运动，从而使钳口板开合，以松开或夹紧工件。紧固螺钉6用来在加工时锁紧套螺母5。

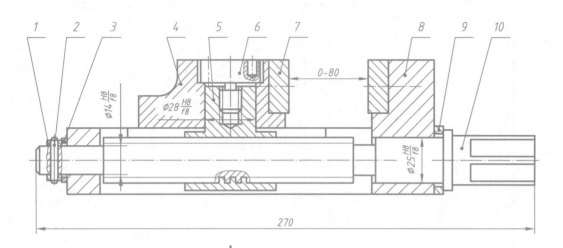

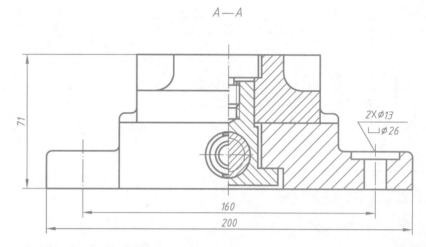

A—A

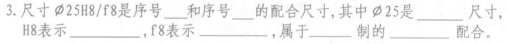

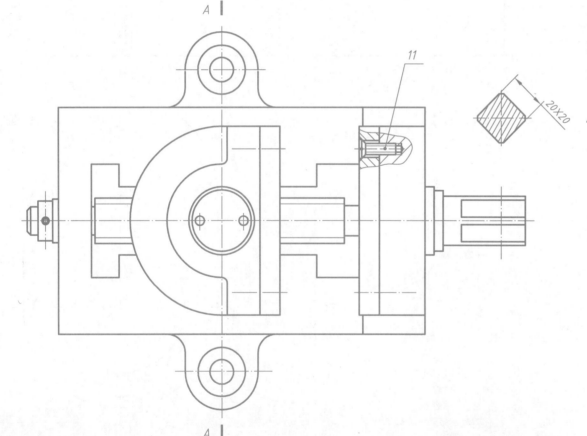

1. 该装配体的名称是_____，由____种零件组成，标准件的序号有_____。

2. 丝杠10逆时针转动螺母5是转动还是移动？钳口是张开还是夹紧？

3. 尺寸 ∅25H8/f8是序号___和序号___的配合尺寸，其中 ∅25是_____尺寸，H8表示_____，f8表示_____，属于_____制的_____配合。

4. 按装配图的尺寸分类0～80属于___尺寸,160属于___尺寸,270属于___尺寸。

5. 欲拆下丝杠10必须先拆掉哪些零件_____。

11	GB/T68-2000	螺钉 M6x20	4	35	
10		丝 杠	1	45	
9		垫圈 2	1	Q235-A	
8		钳 座	1	HT200	
7		钳口板	2	45	
6		固定螺钉	1	35	
5		套螺母	1	35	
4		活动钳体	1	HT200	
3		垫 圈 1	1	Q235-A	
2	GB/T119.1-2000	圆柱销 8x26	1	35	
1		挡 圈	1	Q235-A	
序号	代 号	名 称	数量	材料	备注
设计			平口钳		
制图					
描图		比例	1:2	数量	共 张 第 张
审核					

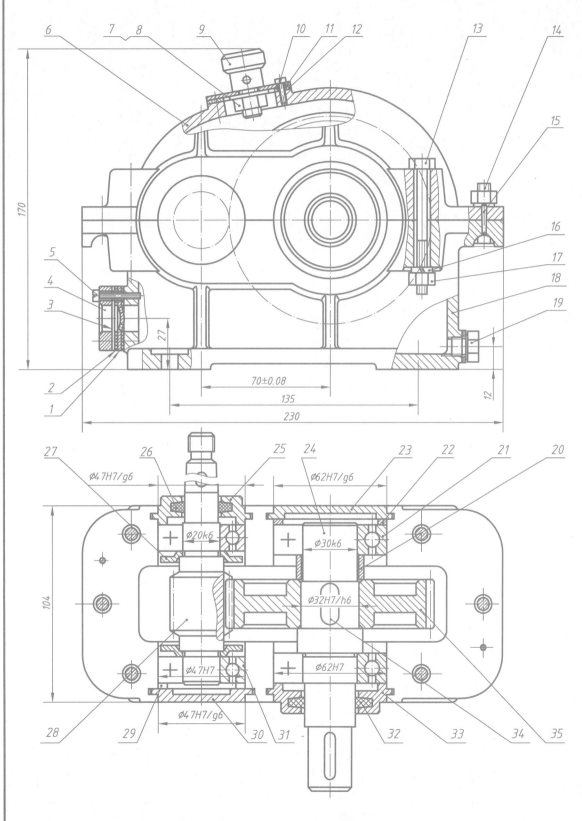

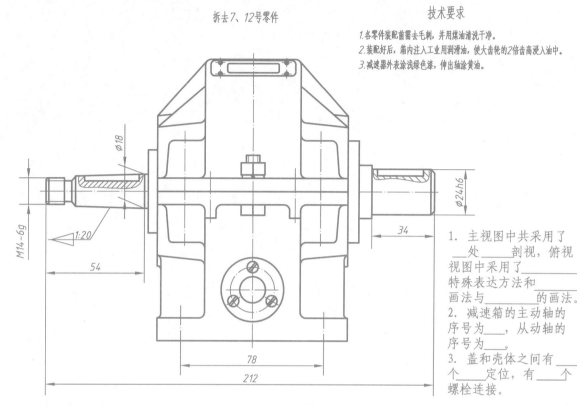

拆去7、12号零件

技术要求

1. 各零件装配前需去毛刺，并用煤油清洗干净。
2. 装配好后，箱内注入工业用润滑油，使大齿轮的2倍齿高浸入油中。
3. 减速器外表涂洗绿色漆，伸出轴涂黄油。

1. 主视图中共采用了____处____剖视，俯视视图中采用了____特殊表达方法和____画法与____的画法。
2. 减速箱的主动轴的序号为____，从动轴的序号为____。
3. 盖和壳体之间有____个____定位，有____个螺栓连接。
4. 装配图的总体尺寸是_____，安装尺寸是_____。
5. 图中序号9的作用是_____。序号19的作用是_____。序号32的作用是_____。
6. 俯视图中 $\phi 32H7/h6$ 表示的是____和_____的配合，配合性质是_____。
7. 拆出序号为24的零件需要先拆下_____，再拆下_____再拆下_____才能取出该零件。
8. 拆画序号28的零件图。

35		齿轮	1	45	m=2 z=55	15	GB/T 117	圆锥销 A3×18	2	45	
34	GB/T 1096	键 A10×22	1			14	GB/T 5782	螺栓 M8×5	2	Q235-A	
33		端盖	1	HT150		13	GB/T 5782	螺栓 M8×70	4	Q235-A	
32	JB/ZQ4606-1986	毡圈 30	1	毛毡		12		垫片	1	压纸板	
31	GB/T 276	滚动轴承 6204	2			11		小盖	1	HT200	
30		端盖	1	HT150		10	GB/T 65	螺钉 M3×10	4		
29		调整环	1	Q235-A		9		通气器	1	Q235-A	
28		齿轮轴	1	45	m=2 z=15	8	GB/T 97.1	垫圈 10	2		
27		挡油环	2	Q235-A		7	GB/T 6170	螺母 M10	1		
26	JB/ZQ4606-1986	毡圈 20	1	毛毡		6		箱盖	1	HT200	
25		端盖	1	HT150		5	GB/T 65	螺钉 M3×5	3		
24		轴	1	45		4		小盖	1	HT200	
23		端盖	1	HT150		3		油面指示片	1	塞璐珞	
22		调整环	1	Q235-A		2		垫片	2	毛毡	
21	GB/T 276	滚动轴承 6206	2			1		反光片	1	铝	
20		套筒	1	Q235-A		序号	代 号	名 称	数量	材料	质量 备注
19	JB/ZQ4450-1986	螺塞 M10×1	1	Q235-A		设计		齿 轮 减 速 箱			图号
18		箱体	1	HT200		制图					
17	GB/T 6170	螺母 M8	6	Q235-A		描图		比例 1：2	数量		共页 第页
16	GB/T 93	垫圈 8	6	65Mn		审核					